今日も世界の片隅で

テレビの裏側で30年

宮澤豊孝 Toyotaka Miyazawa

幻冬舎MC

今日も世界の片隅で

〜テレビの裏側で30年〜

目次

オープニング

テレビマン

「人間の生きる意味を問う。そんな番組を作りたい！」

大きな志を胸に平成元年四月、バブルの只中。二十三歳のときに私は東京都内のテレビ番組制作会社へ入社し、テレビマン人生のスタートを切った。

アシスタント・ディレクター（ＡＤ）時代は、先輩たちの夜食からタバコまでを買いに走り、何日も会社や編集所に泊まり込んだ。タクシーがまったくつかまらないバブルの夜。そんな華やかな街をビデオテープがたくさん入った紙袋をいくつも両手に持って歩いていると、警察官から職務質問を受ける。何日も風呂に入れず、家にも帰れない。それが私のバブル時代の生活だった。

自主制作とは違い、会社から給料をもらって仕事をしている立場。ディレクターになっても自分のやりたいことができるわけではなく、日々与えられた仕事をこなすことに忙殺された。アフターファイブがないどころか自宅で寝ることもままならず、帰宅できたとしても、家に帰り着くのはだいたい深夜。そんな日が多かった。休日は疲れ果てて一日中寝て過ごした。それでも、自分が知らない世界を垣間見て、いろいろな立場の人に話を聞ける毎日は、ワクワクの連続だった。

テレビマンといってもさまざまである。テレビ局のテレビマンと制作会社のテレビマンでは立場が違う。例えば情報番組の場合、テレビ局のテレビマンは基本、制作会社とやり取りをして、番組の質をコントロールする。いってみれば「管理職」的な色が濃い。もちろんテレビ局員でも、自ら現場に乗り込んでいる人はいる。しかし、そういう人はおそらくそんなに多くはいないと思う。

報道はまた違う。記者の多くはテレビ局員で、各省庁の記者クラブに所属したり、事件、事故の現場に向かう。

そのほか、生放送のワイドショーや、スポーツ中継、ドラマなど、テレビ番組にもいろいろある。でも私にはワイドショーやスポーツ中継、ドラマなどの経験がないので、現場がどうなっているのかわからない。このように、テレビマンといっても立場や担当する番組などによって、仕事の内容は大きく異なる。

私自身、思ったことがある。自分が学生時代にテレビ局を受験して、ことごとく落とされたが、いまテレビ局の人たちと付き合うとわかるのだ。あぁ、こういう人たちがテレビ局に採用されるんだな、と。

一言でいえば、「頭の回転が速くてキレる」。それもズバ抜けて。そして「強い意志」を持った人たち。

年下でも年上でも「すげーなこの人」という人が多い印象だ。もちろん例外はある。

でもテレビ局は大企業。バラエティーや報道を志望して入社しても、営業や経理、総務などに配属されることもある。テレビ局の人たちは、基本的に優秀な人が多いので希望以外の部署に配属されても、それはそれで頑張ってしまう。そしてその部署が、その局員を手放したくないといって、ずーっとその部署に留め置かれることも多いと、テレビ局の人から聞いたことがある。大企業でうまく生き抜いていくのは難しそうだ。

番組は基本、制作会社が企画を通し、もしくはテレビ局から発注があり、制作をスタートさせる。その現場を担当するのが制作会社のデイレクターだ。例えば南米・ブラジルのアマゾン奥地での取材が決まっても、大抵の場合、テレビ局の人は現場には行かない。現場に行くのは、いつも制作会社のディレクターとカメラマンたちだ。もしくはフリーランスの人たち。

その違いは大きい。自分の人生をどう設計するかによって変わってくるが、テレビ局の年収はきわめて高い。一方、制作会社のそれは、驚くほど低い。一般論である。

テレビ局の人も現場に行くことはあるが稀で、いつも現場の最前線にいるのが制作会社のディレクター。

お金も欲しい。でもワクワクする現場に、いつもいたい。テレビ局の採用試験をことごとく落ちて、制作会社に行き着いた者の負け惜しみと聞こえるかもしれない。でも、現場の最前線にいられて幸せだったと、私は思っている。


テレビ番組制作の仕組みを、制作会社のディレクターという立場から簡単にご紹介する。情報番組などの場合だ。

なにかの番組を制作することが決まったら、ディレクターはまず取材するテーマについて勉強する。インターネットで、専門書で、あるいは大学や博物館その他専門家などさまざまな人たちに話を聞かせていただく。そして誰に取材させてもらうか、どこへ行ってなにを取材するかを決定する。予算についてはプロデューサーと、番組全体のバランスについては構成作家といわれる人に相談する。構成作家が付かない番組も少なくない。そういうときは一人でうんうんと唸ることになる。

そしていよいよ実際に現場に出向き、撮影する。細かい話をすると、インタビューを撮るにしても、座って話してもらうのか、立って話してもらうのか、はたまた歩きながら話してもらうのか。場所は室内がいいのか、屋外がいいのか、何を背景にするのかなど、判断しなければいけないことがたくさんある。そこが「演出」、工夫のしどころだ。

そして各所で撮影してきた映像素材を、パソコンで編集ソフトを使って編集する。

その後、プロデューサーや構成作家たちと「試写」をする。ディレクターが編集したものをみなで見て、意見交換するのだ。

「番組の冒頭はもっと迫力のある映像から入ったほうが良いんじゃないか」

「この人のインタビューはもっと後半で出したほうが良くないだろうか」

番組を少しでも良くするためにみなで議論するのだ。

そしてディレクターは再び編集し直す。これを何回か繰り返す。

そして映像が完成したら、ナレーション原稿を書き（構成作家が整理してくれることも多い）、テロップの原稿も書き出して整理する。

そして最後にポスプロといわれる作業がある。

ディレクターが編集した映像素材を、最終的にきっちりとまとめる作業だ。いわゆる編集所というところで画質、色のバランスなどを整えて、手間のかかる特殊な加工などをしてもらう。テロップも、本番用のものはここで入れる。

映像が完成したら、音楽をつけて、ナレーションも入れる。

そうして完成、出来上がりだ。

簡単に書いたが、ここまでの作業がいつもいつも難航するのだ。でもそれは「少しでもいいものを作りたい」という、みなのこだわり。みな妥協しない。プロだから当然ではあるけれども、毎回毎回本当に骨の折れる作業である。でもまぁこれが楽しいのだ。その最中には、楽しいなどと思えないが、完成した番組を見ると、いつも嬉しい気持ちになる。

いまも少しご紹介したが、ディレクターが一人で番組を作るわけではない。制作会社にもプロデューサーはいるし、構成作家という非常に頼れる仲間もいる。カメラマン、音声さん、アシスタント・ディレクターという縁の下の力持ちの存在も大きい。CGを作ってくれる人も欠かせない。タイトルや、グラフに説明図など。出演者がいると、衣装さんやメイクさんの出番だ。番組の仕上げ段階になると音響効果さんや、編集マン、ミキサーさんやナレーターのみなさんにもお世話になる。

そしてなんといっても、取材させてくれる人たち。この人たちを抜きに、番組制作は語れない。ときには無理なお願いもしなければならない。

「こんな無茶な取材、受けてくれる人がいるのか？」

そう思うような取材でも、受けてくれる人たちがいるのだ。ただの気まぐれか、好奇心か。でも、そういう「取材させてくれる人々」がいて、私たちテレビの仕事は初めて成り立つ。「取材してやっている」のではない。「取材させてもらっている」のだ、常に。

テレビマンも十人十色だ。みなとても個性的で、自己主張も強い。ぶつかることも少なくない。でも、そんな衝突も含めて、人格と人格のぶつかり合いこそがテレビ番組制作の醍醐味だと、私は思う。

なかなか取材に応じてもらえない、なかなか本音を語ってくれない。そんな人々の懐に飛び込み取材をさせてもらう、本音を語ってもらう。そうするためには小手先のごまかしでは通用しない。それまでの全人生、全人格をかけてぶつかっていくしかない。

こんな仕事はなかなかない。いや、もちろん私はほかの世界を知らない。あるかもしれない。でもテレビマンというのは、良くも悪くも、人格がむき出しで歩いているようなものだと私は思う。大げさだろうか。

しかし、そんな大げさなテレビマンにとって、テレビの裏側は実に居心地が良かった。そこには、完成した番組からは想像できない、さまざまな喜怒哀楽があふれていたのだ。

片隅の風景

ある秋のこと。東京都大田区の京浜島の一角で、私はバスを待っていた。東京湾から吹く風が、潮の香りを運んでくる。

時刻は夕方の五時少し前。

京浜島とは羽田空港のすぐ隣、東京湾に浮かぶ一平方キロメートル程度の埋め立て地だ。羽田空港に着陸する旅客機が低空で頭上を飛んでいく。数人から千人規模まで、大小さまざまな工場が七十軒ほど密集している。そんな町工場の一つを取材で訪ねた帰りだった。

このときの取材は、カメラクルーを連れての撮影取材ではなく、私一人で撮影取材の前段階として現場を見学させてもらい、話を聞かせてもらうというものだった。電話や資料などで事前情報は得ていたが、実際の現場を見るのはその日が初めてだった。私のいつものスタイル、ジーパンにジャケットという姿で、ノートを持って伺った。

「ヘラ」という道具をご存じだろうか。棒状の金属で、先端を平らにした加工道具である。粘土細工で使うヘラ、それを金属で長く大きくしたイメージだ。そんな大小のヘラを脇の下に挟み体重をかけ、回転する平らな鉄板などあらゆる素材に押しつけていく。力の強弱、加減が難しいという。ヘラを使って鉄や銅、またチタン、モリブデン、タングステンという特殊金属までを器状や円錐形に形成していく「ヘラ絞り」という技術。それで、灰皿から宇宙ロケットの部品までを器用に形作っていく。子どもの頃に通った自転車屋さんを彷彿させる機械オイルの匂いが心地いい。

三十代後半と見られる職人さん、社長の息子さんだ。

「見ていると簡単そうだけれども、実際にやってみると難しい」

作業の手を休めて、そんな話をしてくれた。

父親であり先輩職人でもある社長が、後輩職人である息子に、力のかけ具合をアドバイスする。しまいにはヘラを息子から奪い取って実際にやってみせる。そこに長い年月と経験によってしか培うことのできない「職人技」の奥深さや、その継承の難しさを感じた。

そんな職人さんたちの作業の様子をバス停で思い返していると、午後五時を告げるチャイムが島全体に響き渡った。そして間もなく、私が立っているバス停にバスがやって来た。

バスは京浜島を一周して、最寄りのJR蒲田駅に向かう。この時間に京浜島にやって来る客はいない。京浜島にバスが入って来て一つ目の停留所で待っていた私は、ガラガラのバスの最後列のシート、窓際に腰を下ろした。

五時の終業後の京浜島。バス停ごとに工員さんたちが乗り込んで来る。みな一仕事終えた充実感を漂わせていた。そんな工員さんたちで、バスはすぐに満員になった。

「帰りに一杯やろう」

そう話す年配の工員さんたち。六十歳くらいだろうか、目尻に深いシワが刻まれている。そういえばこの日は金曜日だった。外国語で携帯電話に話しかける女性工員たちのグループもいた。その陽気な雰囲気からフィリピンの人たちかと想像する。週末のデートの約束でもしているのか、みなでワイワイ楽しそうだ。黙って車窓を眺める工員さんも多い。バスの車内全体に、ほっとしたような空気が漂っていた。一週間働いたあとの一息つく時間。

いい風景だな、そう思った。

日本の片隅、いや世界の片隅にある小さな埋め立て地、京浜島。なにかの縁で、みなそこに集い、日々働き、そして週末には一息つく。

そこには笑顔があり、酒があり、仲間がいて、家族がいる。独り身の人もいると思う。明日に希望が持てないでいる人もいるかもしれない。それでも日々時間は過ぎていく。地球はただただ回り続ける。明日はどんな一日になるのだろうか。過ぎ去った今日は二度と戻らない。バスの中の風景を眺めていると、そんなかけがえのない毎日が、日常が、たまらなくいとおしく思えた。

人生などというと大げさかもしれない。でも人が生き、なにかが起こり、喜怒哀楽の感情を抱き、毎日を過ごす。これはやっぱり「人生」というものだろう。路線バスが、乗客の人数分の人生ドラマを運んでいく。

私はいちいち大げさなのだ。仲間にもよく指摘される。でも自分では「感度が高いんだ」と勝手に解釈している。感度を上げて日々過ごしてみると、心を揺さぶられることが多い。人が生きる。これがドラマでなくてなんであろうか。

私は大学生のときにテレビ番組制作会社への就職を考えた。いろいろな人たちの人生を聞き書きしたいと思ったからだ。そしてもうひとつ、どうしても世の中に訴えたいことがあったから。

テレビ番組のディレクターという仕事は面白い。有り体にいえばそうだが、もっと奥が深いものだと経験を積むたびに思い知らされてきた。いろいろな場所に行き、いろいろな人に会い、いろいろな話を聞くことができる。私はテレビ番組を作るという仕事が大好きだ。

でもそれは、いま振り返ってこそ思えることかもしれない。ディレクターとして現場にいるときは、締め切りに追われ、事前に調べていたこととまったく違う事態に面くらい、ストーリーを構成できる素材がなかなか撮れない。精神的に追い詰められ、冗談ではなく、本当に吐きそうになりながら取材を進めたことも多かった。

取材対象は、人や、事件や、絵画に音楽、そして工業製品まで。それらすべてに人間ドラマが宿っていた。そのいちいちに私は心を震わせてきた。良い話ばかりでは決してなかった。つらい現場もあった。でも、そんなつらい現場に立ち向かう人々の姿はいつも力強かった。

ＡＤ時代も含め、この業界に気づけば三十年以上も身を置いていた。ディレクターの技量としては決して誇れるようなものはない。平凡か、あるいはそれ以下だ。しかし「感度」だけは高かったように思う。

思い上がりかもしれないが。

そんな「私」が見た風景や光景を、みなさんにもご紹介したい。

シーン1

駆け出しの頃

人こそ特ダネ

私がテレビ番組制作会社に入社したのは、平成元年の四月、二十三歳のとき。その当時の会社は、国や自治体の広報番組など地味な番組ばかりを手掛けていた。しかし時代は、まさにバブルのピークを極めようとしていた。

入社一年目は、本当に忙しかった。入社初年度の三月には、残業時間が三百時間を超えた。「働き方改革」なんていう言葉がなかった当時でも、さすがに「労基署に指導を受ける」と問題になった。しかし、この仕事を辞めようと思ったことは一度もない。大変なこと以上に、楽しいことや刺激に満ちていたのだ。そしてまた、どうしても世の中に訴えたいことがあったから。これについては後述する。

どうしても作りたいテレビ番組があった。しかし当時は、そんな大それたことを実現できるかどうかもわからなかった。なにかの番組の一行のナレーションででも、自分の思いを表すことができたら良いなと思っていた。

そんな入社一年目の半ば頃、一つの番組企画書を書いた。当時、会社にワープロはあったが個人で買うには値段が高かった時代。四百字詰めの原稿用紙にボールペンで書いた。

その頃私は、在日外国人に興味があった。確か在日外国人の数も目立って増えてきた頃だった。そんな中で、日本に住む、ちょっと変わった外国人を紹介するという内容だった。「私がどうしても作りたい番組」よりも、実現可能性が高いのではないかという打算もあってのことだった。

「悪くないよ」

企画書を読んだ先輩はそう言ってくれた。

「会社の名刺を切って、どんどん人に会って取材していいんだぞ」

先輩は、そうも言ってくれた。

それで弾みがついた。ＡＤ仕事の合間を縫って、いろんな人にコンタクトを試みた。

中でも当時興味を持っていたのが、在日外国人向けに出版されている雑誌だった。「ひらがなタイムズ」「Tokyo Journal」「We' re（私たち）」などいろいろな雑誌が出版されていた。

「ひらがなタイムズ」はすべての漢字にひらがなでルビがふられており、ひらがなが読めれば記事がすべて読めるというもの。この「ひらがなタイムズ」には、電話をかけたその数年後に実際に取材でお世話になった。やっぱり出会いやコネクションは大切だと思わされた出来事だった。

「Tokyo Journal」はすべて英文だったが、特集記事が日本人の私にとっても興味をそそられるものが多かった。「右翼の街宣車一日同乗密着ルポ」とか、当時はやっていた「地獄の特訓13日間」という営業マン向けの管理者養成セミナーがあったのだが、そこにも潜入して「富士山地獄の特訓13日間密着リポート」という記事にしていた。

A4よりも少し大きいサイズで、表紙に街宣車のカラー写真がどーんとプリントされている。中身も全部カラーだ。

初めて電話をかけたのは「Tokyo Journal」ではなかっただろうか。呼び出し音が切れると、すごく流ちょうな英語のイントネーションで「トーキョー・ジャーナル」と返ってきた。私は開き直って「もしもし」と日本語で話しかけると、先方も「もしもし」と達者な日本語で対応してくれた。そのときに、緊張が一気に解けたことを印象深く覚えている。電話をかけるハードルがなくなった瞬間だった。

「Tokyo Journal」の当時の編集長、Gさんには六本木の居酒屋で話を聞かせてもらった。私は二十五歳、入社二年目の冬だった。Gさんは四十がらみのブロンドヘアのイケメンアメリカ人だ。二人だけで話を聞かせてもらったのだが、とにかく好奇心旺盛な人で、また日本に心底魅せられたという人だった。

Gさんも当時の私と同じように、興味を持ったらすぐに電話でコンタクトするという。断られてもへこたれない。

「でもガイジンが取材させてほしいというと、大抵は断られませんよ」

流ちょうな日本語で、そう語ってくれた。

もう詳しいことは忘れてしまったが、あれも取材したい、これも見に行きたい。あの人にも、この人にも話を聞きたいと、日本酒を呑みながら熱く語っていた姿だけは忘れられない。そんなGさんの姿勢を見て、私のやっていることもそう間違ってはいないな、と再確認した。

「We're（私たち）」という雑誌は、まだインターネットもなかった時代にはとても前衛的なもので、すべての記事が日本語、英語、韓国語、中国語の四カ国語で併記されていた。私はこんな雑誌や書物を見たことがなかった。手が込んでいるなぁと思った。

雑誌の裏表紙に書かれている「編集部」の住所は新宿区大久保だった。当時もいまも外国人、特に韓国系の人たちが多く住んでいる街だ。電話をかけたら、威勢のいいおばちゃんが対応してくれた。編集長のカマーゴ・さか江さんだった。何語で対応されるのかと思っていたら、普通に日本語だった。

「まだ企画書を書く段階で、番組になるかどうかもわからないのですが、一度お話を聞かせてもらいに伺ってもよろしいですか？」

おずおずと聞く私に、

「いいですよ。いつでもいらしてください」

これまた元気いっぱいに答えてくれた。二十六歳。入社四年目、ディレクターになって一年目のことだった。

数日後にアポを入れて早速会いに行った。小さな部屋に机が四つくらい。とじられていない雑誌の原稿や、雑誌の表紙、さまざまな資料の類いなどが乱雑に置かれていた。

「いらっしゃい。まずは缶ビールでも呑んで」

まだ昼過ぎ。さか江さんは豪快だ。

三十歳を超えていただろうか。細くもなく太ってもおらず、でも腹の底から声を出す、一言でいうと気持ちの良い人だ。

「なぜ四カ国語併記というアイデアが浮かんだのですか？」

「そりゃあ大久保の街を見てご覧なさいよ。韓国人も中国人も大勢いるでしょ。まだ日本に来て時間の経っていない人たちは日本語が読めない。でも日本のことを知りたいと思っているのよ。だから四カ国語併記にしたの。でも大変よ」

そう言って豪快に笑う、さか江さん。

そのとき、さか江さんはコロンビア系アメリカ人と結婚していた。元々は韓国籍で、さか江さんが物心つく前に日本の国籍を取得していた。本人はそのあたりの記憶がない。ただ大きくなってから自分が韓国人だったと知ったときのショックは、小さくなかったという。

さか江さんのお父さんは、終戦後中学を出てすぐ、十五歳のときに韓国から単身日本にやってきた。戦時中に強制連行された自分の父親を探すために、「君が代丸」という密航船に乗り込んだという。

父親は戦死していたことがわかった。でもお父さんはそのまま日本に残り、一旗あげてやろうと頑張って生きてきた。

いろいろな商売に手を広げ、人脈も広げて仕事は軌道に乗っていた。しかし、日本で商売をする上で、韓国籍だとやりにくいことが多かったらしい。そこで日本国籍にしたと、さか江さんは父親から聞いた話として説明してくれた。

「私も悩んだけれど、姉がずいぶん深刻に悩んでいたのよ。すごくセンシティブな人だったし」

そう言ってさか江さんは本棚から一冊の本を取り出した。『由熙（ユヒ）』というタイトル。李良枝（イ・ヤンジ）という作者名が表紙に印刷されていた。日本にも韓国にも居場所を見つけられない在日韓国人の悲しみを描いたこの小説は、芥川賞を受賞してもいる。

さか江さんと知り合ってしばらくしてから、さか江さんのお父さんにも話を聞かせてもらった。お父さんは「We're（私たち）」編集部から徒歩十分くらいのところにある古い建物を案内してくれた。もともとはラブホテルだったところを改装し、日本に留学する外国人学生、特にアジア系の学生たちに安く住まわせているという。三階建てで部屋は全部で二十二部屋。窓も部屋の数だけあり、いまはもうラブホテルの面影はない。

「ラブホテル時代は大変でした」

お父さんは建物に入ってそんな話を始めた。早朝に刑事が大勢ホテルに押しかけて来て、

「中に指名手配中の犯人がいる。ここで逮捕するから協力してくれ」

と言われたこともあったという。

しかしお父さんとしては、ホテルで逮捕されるとホテルが警察に協力したと思われて仕返しが怖い。だから警察に懇願した。

「ホテルの中ではなく、外に出てから捕まえてもらえませんか」

警察は渋々いうことを聞いてくれたらしい。またあるときは、客が出たあとに部屋の清掃に入ったら、水洗トイレに生まれたばかりの赤ん坊の遺体が捨てられていたなんてこともあったという。

世の中に楽な仕事なんて一つもないと思うけれども、なんともハードな毎日だったことだろう。お父さんの太い二の腕を見ながら、この太い腕、腕力で乗り切ってきたのだろうなと、勝手な想像を試みた。

一階から上階へと階段で上った。各フロアに若い学生たちが大勢いて、とても活気があった。戦後の混乱期に日本に渡ってきて、慣れない異国で働き「日韓の架け橋に

なりたい」という思いを実現させたお父さんの偉大さに感服した。

「この上が屋上なんですよ」

案内されて屋上に上がると、新宿の街が一望できた。果てしなく広がる街。地平線の彼方まで家やビルが続いている。壮観だった。

「娘の仕事部屋を見ますか？　そのままにしてあります」

お父さんの声に振り返ると、ビルの屋上に小さな倉庫のような小屋があった。

「ぜひ拝見させてください」

中に入ると、まるでドラマの撮影セットのような、いわゆる「小説家の仕事部屋」があった。机の上には原稿用紙などもそのままに置かれていた。

「娘は死にました。まだ若かったのに」

根を詰めた仕事が心身を削り取っていったのだろうか。確かお酒もよく呑んだと聞いたように記憶している。急性心筋炎。まだ三十七歳という若さだった。

「もういいですか」

十分程度でお父さんに促され、李良枝さんの仕事場を出た。帰り、建物の外に出るまでお父さんは黙っていた。外に出て礼を言うと、

「またいつでも来てください」

そう言ってごつい手を差し出してきた。握手には力がこもっていた。

いままでは「国際友好会館」と呼ばれる元ラブホテル。その中のフロアで外国人留学生たちが笑い声をあげてふざけあっていた。いつの時代も異国に渡って一旗あげる夢を見る青年たちがいるんだな。彼らのスケールのデカさを感じ、自分が小さく思えた。

そして屋上にあった李良枝さんの仕事部屋。気分転換にと部屋を出たら目の前に広がる新宿の街。夜にはけばけばしいネオンや、無限に続くきれいな街明かりが李良枝さんの心をほぐしてくれたことだろう。両親が日本国籍の取得を決めたとき、李良枝さんはまだ事情がわかる年齢ではなかった。しかし大きくなってからその事実を知った李良枝さんは相当悩んでいたという。思い詰めていたという。この絶景を望める小さな仕事部屋以外に、彼女の居場所はなかったのだろうか。どんな気持ちを抱いて亡くなっていったのだろう。

いろんなことに思いを馳せ、いろんなことを想像した。「We' re（私たち）」編集部に一本電話をしたことで、ここまでいろいろな人々の人生を垣間見ることができた。

「××××××――――！」。

そのとき、大久保のカラオケスナックで李良枝さんの妹、さか江さんはマイクに向かって、韓国語でなにかを叫んでいた。その日、さか江さんはテンションMAXでカラオケに興じていた。「We're（私たち）」編集部の忘年会の二次会だった。

さか江さんとはときどきお酒を呑む間柄にまでなれた。大抵私が編集部を訪ねるときに缶ビールを買っていって、編集部で呑む程度のことだったが、数カ月前には知りもしなかった人、しかもドラマチックなストーリーを抱えるさか江さんと親しくなれたことが、当時の私は嬉しかった。

いつもは大体編集部で二人だけで呑んでいたのだが、ある日「今度、編集部の忘年会をやるからよかったら来てよ」と声をかけてくれた。

どんな人たちが集まるのだろうと、私の中で期待は高まった。そしてその期待は裏切られなかった。個性豊かで多国籍な人たちが、大久保に集まったのだ。ほかの制作会社のディレクターが、当時はまだ高価だった小型カメラを持って、忘年会の様子を撮影していた。私にとっては大先輩ディレクターだ。そんな人から、

「こんなことを俺はテレビでやりたいんだ」

そういう熱い話をたくさん聞かせてもらった。

また、私と同姓のミヤザワくんという大学院生にも出会った。ミヤザワくんは英

さか江さんと筆者（2020年）新大久保の韓国料理店で

語、中国語、韓国語、インドネシア語、そして手話までできた。

なんでそんなに話せるの？

「インドネシア人と一緒にアパートで暮らしているんだ」

そして、

「夜二人で寝たはずなのに、朝起きたら知らない外国人が加わって、四人寝ていてびっくりすることもしょっちゅうだよ」

面白い。知らない人と出会い知り合うことが、こんなに楽しく面白いとは。

ディレクターになってからも、仕事と関係がなくても、自分の興味のある分野の人に電話をかけて会って話を聞かせてもらう。そんなことを繰り返し続けた。

そのときすぐに取材に結びつかなくても、後々に取材でお世話になるとか、取材で必要な人々を紹介してもらうとか、ネットワークの広がりは仕事の中でも実感できた。「Tokyo Journal」やカマーゴ・さか江さんとの出会いも、結局現在まで取材に直結してはいないが、私の人生は間違いなく豊かになった。

興味を持ったら、まず話を聞かせてもらう。仕事を超えて現在もなお、私はこの姿勢を貫いている。

懺悔の記憶（阪神・淡路大震災）

一九九五年一月十七日、二十九歳のとき。その日は火曜日だった。当時、週末の夕方ニュースの特集コーナーを担当していた私は、朝起きて腰を抜かした。テレビは各局、崩壊した神戸市街地の空撮映像を流していた。横倒しになった高速道路。その奥のほうでは黒煙が上がっている。状況を飲み込むまでに時間がかかった。

阪神・淡路大震災だ。

毎週火曜日は午前十一時からテレビ局で企画会議がある。しかしその日は会議なんて必要なかった。やることは決まっているからだ。しかしチームで動くため、とりあえず十一時にテレビ局のいつもの会議室に集合した。私ともう一人の先輩ディレクターが翌日、伊丹空港へ飛ぶことになった。

多少なりとも情報収集しておこうと思うのだが、電話がつながらない。当然といえば当然だ。とにかく現場に飛んで、そこでなにをどうするか考えることにした。

伊丹空港は気のせいか、みな落ち着きがなかった。みなソワソワしている。空港までワゴン車で来ていた現地のカメラマンたちと合流した。カメラマンは「どこまで行けるかわかりませんよ。あまり奥まで行くと帰って来られなくなるし」と、関西なまりで言った。相談の上、兵庫県西宮市の阪急電鉄、西宮北口駅付近まで行くことにした。

なにをどうするかは何も決まっていない。取りあえず、現状発生していることをカメラに収めて帰ろうということにした。

もうここまでしか進めないというところまでワゴン車で来た。西宮北口駅の近くだった。私たちは車を下り、徒歩で進んだ。大きな二階建て民家の一階がペシャンコにつぶれている。四階建てのラブホテルも一階部分がペシャンコだ。明らかにそこに遺体があるという状況でも、助けることもどうすることもできない。

通りがかりの年配女性に話を聞いた。

「交番に助けてくれと言いに行ったら、あなたは二十数番待ちだと言われた。税金払ってるのになんで？」

その女性は少しイライラしていた。それはそうだろう、家族が家の下敷きになっているのに順番待ちだと言われたら絶望してしまう。交番の警察官にしたってできることは限られている。助けたいけど助けられないのだ。

廃虚と化した街は意外なことに静かだった。泣いたりわめいたりする者は誰もおらず、みな静かに歩き回っている。ほこりっぽくもない。

西宮北口駅の渡線橋の窓から周囲を見ると、あたり一帯、商店街の一階部分がみなペシャンコにつぶれている。すべてペシャンコ。模型の街を見ているようで、にわかには信じられない状況だ。そんなすべてがつぶれている中で、当時「土下座」のパフォーマンスで有名だった国会議員H氏の名前が大きく書かれた看板だけが、ペシャンコの建物の屋根の上で屹立《きつりつ》しているのが印象的だった。

神戸にはその後何度も足を運ぶことになった。毎回なにを取材するか、大体のイメージを決めて神戸に入った。しかし実際に行ってみたらそんな取材なんかできない、ということもよくあった。

あるときは、街のミニコミ紙を取材させてもらうことにした。三十代の男性二人で切り盛りしている、本当に小さなミニコミ紙だった。彼らの取材について行かせてもらった。記者は、まるで映画のセットのように延々と続く崩壊した街並みの中で、こうつぶやいた。

「ここが僕が生まれ育ったところです」

「でももうこんな状態ですわ」

しかし決して泣き顔になったり、弱音を吐いたりはしなかった。それはすれ違う多くの住民たちもそうだった。こんな、どうしていいかわからない現状の中、人々は強かった。

そのミニコミ紙の取材は、避難所を回り、どの避難所に誰がいるかという情報を淡々と収集していた。そのとき、みなが一番知りたいことだった。そんな取材をしながら、各避難所の連絡先や、病院、役所の連絡先などがＢ４判一枚の裏表に印刷された、ミニコミ紙の最新号を無料配布していた。受け取る人たちはみな「ありがとう」「おおきに」と反応する。関西弁の効果もあるなと思った。こんな状況でも、どこか柔らかい雰囲気を醸し出す関西弁が、さまざまなものとの間で緩衝材になっているのではないかと思ったのだ。

あるときなにをどう取材しようかと考えながらカメラマンと廃虚の中をさまよっていると、ペシャンコの家の前で途方に暮れている男性を見かけた。話を聞かせてもらうと、家がつぶれたが火災保険では一銭も下りないという。地震保険に入っていなかったからどうしようもないと。いまでは多くの人がそのことを知っているが、当時はまだ地震保険という言葉さえなじみのない人が多かったと思う。私はその男性に取材させてもらうことにした。その男性の周りの仲間も、みな地震保険のことを知らなかった。家がつぶれ、いや街ごと全部つぶれてしまったのに、保険が一銭も下りないというのは厳しい現実だ。今後そういうことにならないように、地震保険について知らせる意味も込めて、十分ちょっとの特集ＶＴＲを作った。

その週末の番組放送後、会議室でいつものようにみなで反省会をしていると、

「先ほど放送された特集について、問い合わせのお電話です」

そういって、電話が回されてきた。

特集を担当したのは私だ。私が電話に出た。すると保険会社の役員と名乗る人から

だった。怒ってはいない。とても丁寧な電話だった。ただ丁寧に詰問された。

「あなた、保険のことをどれだけ知っているんですか？」

私は自分で調べ、取材したことを話した。

「一応は、勉強していらっしゃるんですね」

保険会社はテレビ局にとって大切なスポンサーだ。私が作った特集で、事実誤認や間違いがあるとは思っていなかったが、ちょっと心配になった。放送は土曜日だったので、週明けにテレビ局に出社したら、営業の人が特集班のデスクにやって来た。

「土曜日の特集ＶＴＲを見せてほしい」

それに対して、特集担当デスクが尋ねる。

「なに？　先方は怒っているの？」

「いえ、怒ってはいません。電話に出た人（私）の対応もとても丁寧だったと言っています。ただ私たち営業も、ＶＴＲの中身を知っておかなければ、というだけです」

それだけのことだった。その後、この件でなにか言われたことはない。ただ、企業からお金をもらって番組を制作している民放テレビ局のリアルな現実を突きつけられた気分だった。電話をかけてきた保険会社の人も意地悪なつもりはなかったのだろう。

「あなた、保険のことをどれだけ知っていますか？　なにも知らないでこんなＶＴＲ作っているんじゃないですよね？」

ただ電話で聞かれた通り、ある意味スポンサーとしてお金を出している立場としては当然の疑問をぶつけてきただけだった。そのときは、私もしっかり取材し、事実確認をしてＶＴＲを放送した。それは当然のことではあるが、その当然のことが大切なのだと思い知らされた一件だった。


またあるときは避難所の取材をさせてもらった。学校の体育館だった。びっしりと人々で埋まっている。入り口から入ってすぐのところに、放心したように一人で座っている年配の女性がいた。話を聞かせてもらった。神戸中心地の百貨店に勤めていたが、地震の翌日に店舗のスタッフ全員の解雇を通告されたと話してくれた。厳しい現実だ。その女性にとっては、収入を得る以上の意味も、その百貨店で働くことにあったのだろう。肩を落とし目を伏せて、本当に落胆した様子だった。

われわれがほかの人々に話を聞いて入り口に戻って来たとき、その女性は泣いていた。泣き声こそ出さなかったが、ボロボロと泣いていた。周囲の被災者が彼女の周りに集まって慰めている。

私はどうしようかと思った。私も駆け寄って手を握って「つらいことを思い出させてしまってごめんなさい」と言うべきだった。しかしそれができなかった。このシーンが私にとっての阪神・淡路大震災の象徴的なワンシーンだった。なぜそこで躊躇したのか、いま振り返っても理解できない。行くべきだった。手を握って一言声をかけるべきだった。でもそれができなかった。

私には帰るところがあった。自宅に帰れば熱い風呂にも入れる。なんの不自由もなく暮らしている。それなのに、いま窮地に立たされているその女性に一言も声をかけられなかった。そんな自分を、私はいまも責め続けている。

ちなみに取材では大阪に宿をとった。しかし普通のビジネスホテルはいつも満室で予約が取れない。われわれが定宿にしていたのはAというラブホテルだった。ここだけはいつも必ず予約が取れた。

一部屋にエキストラベッドを入れて三、四人で寝た。内装もラブホテルらしく、風呂のバスタブが、室内の一段高い場所にむき出しで置かれていた。ヴィーナス誕生を思わせるような豪華なバスタブだった。

一日廃墟の中で取材して帰って来て一風呂浴びたい。しかし、衆人環視の中で一人裸にはなれない。みなで裸で風呂に入るならいいが、自分一人だけ裸でみなの前で風呂に入るのは恥ずかしい。みな部屋から出て順番に入ることもできたが、毎日疲れ切っていたわれわれにそんな選択肢はなかった。大体二泊か三泊、ずっと風呂に入らないままで過ごした。それでも暖かな部屋で布団に入って寝られることが、日中取材させてくれる人々に後ろめたかった。

毎週水曜くらいから、金曜もしくは土曜日まで取材に出て、その夜から徹夜で編集する。放送は土曜か日曜の夕方だ。放送が終われば自宅に帰ることができる。自宅に帰れば暖房もあるし、熱い風呂にも入れる。暖かい布団でゆっくり眠ることもできる。そのことがただただ後ろめたかった。神戸の人々に申し訳なかった。徹夜がつらいとか、取材が難しいとかいうよりも、そのことが本当に心苦しかった。どうか許してほしい……。忘れられない風景だ。

忘れてはいけない教訓（オウム真理教事件）

週末の夕方ニュースの特集コーナーを担当して、徹夜が続いていた。その日は休みで、昼頃まで寝ているつもりだった。それなのに……。

「ミヤザワさん大変ですよ。地下鉄でサリンがまかれました」

仲の良い後輩からの電話。おいおいうそつくなよ、まだ寝てたのに。

「うそじゃないですよ。テレビをつけてください」

そう言われテレビをつけて、初めて本当のことだと理解した。

一九九五年三月二十日、月曜日。朝八時頃。通勤ラッシュの時間帯に都心を走る地下鉄の複数の路線で猛毒サリンがまかれ、十人以上が亡くなり負傷者は六千人近くにのぼった。いわゆる地下鉄サリン事件だった。私がいつも通勤で使う路線、駅でも死者が出た。もし今日、出勤していたら私もどうなっていたかわからない。

その少し前、三月に入った頃から、当時の目黒公証役場の事務長が何者かに拉致されたというニュースが繰り返し報道されていた。まだ阪神・淡路大震災の被害報道も続いている中で、「なんだこの事件は?」と不思議に思っていたことを覚えている。その拉致事件の実行犯と見られていたのがオウム真理教だった。今回の地下鉄サリン事件もオウム真理教の仕業だとすぐに報道された。

しかし本当にそんなことをするだろうか。なぜ?　なんのために?

翌日からテレビはオウム真理教一色になった。地下鉄サリン事件の二日後には、全国の教団施設に強制捜査が入った。激しく抵抗する信者たち。鉄扉を電動カッターで破壊して捜査に入る警察。それらすべてを映し出すテレビ。テレビ局で仲間と一緒に眺めていた。とても現実に起こっていることとは思えないでいた。

その翌日からわれわれも動き始めた。四月から新たなキャスター兼デスクに就任するZさんと二人で、世田谷道場といわれる教団施設を訪れた。私は正直怖かった。それにだいたい、なんといって取材をするのか想像がつかない。

世田谷道場の近くには人はあまりおらず、ほぼZさんと私だけだった。Zさんがインターホンを押す。若い女性信者が出て来た。敵意むき出しの怖い目をしている。しかしZさんは、ニコニコしながら世間話でも始めるかのように、その女性信者に話しかけた。

「昨日のガサ（家宅捜索）どうでした？　大変だったんじゃないですか？」

するとその女性信者も応えた。

「本当ですよ。あれは違法捜査です。私たちも警察官の顔を撮ろうと必死でビデオカメラを回していたんです」

「そうですよね、ビデオカメラを持ったあなた、テレビに映っていましたよね」

などと、本当かどうかわからない話でZさんも同調する。

するとなんと、妙な感じだが話を聞かせてもらえるような雰囲気に落ち着いてきた。Zさんはこれまで警視庁クラブなど、社会部畑を歩んできた人だ。こうやって取材先に入り込むのか。事件取材のイロハを教えてもらった。

しかし結局「教団本部の広報を通してくれ」ということになり仕切り直した。私たちは改めてアポを入れ、数日後、東京・青山にある五階建ての総本部といわれるビルに取材で立ち入ることになった。

なんというか、しばらく洗っていない靴下のような、すえた匂いが充満していた。出迎えた教団の人たちと名刺交換する。「宗教法人オウム真理教」と書かれた下、名前の上に「係長」とか「部長」と書かれているのが俗っぽくて違和感を覚えた。テレビや雑誌で「美人幹部」といわれていた女性幹部にも名刺を渡した。その女性幹部はなんだか「注目されて嬉しい」とでもいうようなニコニコした表情を浮かべていた。こんな人たちが地下鉄で十何人も殺害するような事件を本当に起こすだろうか。にわかには信じがたい。

撮影取材では、担当者が総本部内のことを語った。教団は常に電磁波攻撃を受けているので、それを防ぐ電磁シールドを本部内の壁中に貼り付けていること。毒ガス攻撃も受けているのでコスモクリーナーと呼ばれる空気清浄機を常備していることなどだ。

まったく荒唐無稽で、ほんとかよ？　と思わず突っ込んでしまいそうになることを、大の大人が大真面目に話している。なんなんだ？

それだけではなかった。その後取材チームが集めてきた教団の広報誌や広報ビデオには、東大や京大、慶應大学医学部出身者など、超がつく学歴エリートたちが幹部として紹介されていた。なんとも不思議だった。なんでそんなに頭のいい連中が、世界最終戦争ハルマゲドンが起こるとか、それを生き残るには解脱するしかないとか、そして修行をすれば解脱することが可能だとか、そんな話を真面目に信じ込んでいるのだろう。

最終解脱者としてあがめられていた教祖・麻原彰晃の説法ビデオも見た。麻原は何を聞かれても、自信満々に断定的に話す。そんなところに若者たちは惹かれたのかもしれない、とも思った。

番組では、あるきっかけで教団から脱会した元幹部信者と連絡をとるようになった。

ある朝、テレビ局の応接室で話を聞かせてもらおうと、その元幹部信者と私が二人だけで向き合って座っていた。たまたまその部屋に窓がなかったこともあったのかもしれない。午前九時になると全館空調が稼働し始めた。「グオン」という音と共に、空調設備から風が送り込まれてくる。するとその元幹部信者は突然慌て出し、出口に走ってドアを開けた。

「これ、毒ガス攻撃じゃないですよね⁉　違いますか⁉　本当に⁉」

元幹部信者は心底おびえていた。聞くとこれまで何度も、深夜自宅周辺に不審者が現れ、その都度警察に通報していたという。教団に連れ戻されたら殺されるというのだ。この怖がり方を見て、初めて教団がやったことを事実かもしれないと思った。

この元幹部信者は、自分がオウム真理教を脱会した理由についてこう語った。

「そのとき私は麻原に命じられたことをすべく車を飛ばしていました。すると目の前でほかの車が人をはねたんです。はねられた人は路上で動かない。でも私は早く麻原に言われたことをこなすために無視して車を飛ばしました。そのとき、はたと思ったんです。私はもともと人々を救済したい、助けたいと思ってオウム真理教に入信し、出家もした。それなのにやっていることがおかしいじゃないか。麻原のことを優先して、目の前で車にはねられた人を助けることもしない。これはどう考えても矛盾している」

その後元幹部信者は、公衆電話から麻原に電話をかけて「もう辞めます」と伝えたという。麻原は当然引き止め、いまどこにいるんだと聞いてきた。しかし元幹部信者は「それじゃ」と言って受話器を置き、電車で逃亡したとのこと。

この元幹部信者もまた、いわゆる難関大学にかつて在籍していた。それなのになぜオウム真理教なんていういかがわしい宗教に入信したのかと聞いたことがある。

すると元幹部信者は「例えば」と言ってフリーメイソンの話を始めた。すべてのバーコードにはフリーメイソンを象徴する「六」を意味するコードが表示されているとか、日本円のお札に印刷されている富士山と、それが映っている湖に描かれた富士山とは形が違う。湖に映った山は××にある山で、それもフリーメイソンの象徴だとか、さまざまなエピソードを披露しながら語った。

フリーメイソンがすべてではないけれども、世界中に、自分たちの存在を誇示するような秘密結社が存在していることは事実で、世界はそういう連中に裏で操られているのだ。だから、そんな世界を救おうと思って入信した。特に自分が強いインパクトを受けたのは、麻原はハルマゲドンで危機をあおるだけではなく、実際に麻原自身がヨガの修行を行っていることだった。それで本物だと確信した。そう言うのである。

あるときニュース番組で、当時のオウム真理教幹部の上祐史浩氏とその元幹部信者が、生放送ではなく収録だったが、スタジオで直接対峙《たいじ》することになった。

出演直前に私がトイレに行くと、上祐氏は鏡の前でヒゲを剃っていた。ヒゲぐらいのことではあるが、見た目を気にするなんてなんだ俗人じゃないかと思った記憶がある。

上祐氏にピタリとついて歩いている護衛の信者。元幹部信者は苦笑しながら言った。

「彼とは同じ大学で、僕が勧誘して入信、出家させたんですよ」

すれ違うとき、その護衛信者は、元幹部信者のことを本当に憎らしい者を見るような表情でにらみつけていった。

スタジオでの対決はまったくかみ合わなかった。「ああ言えば上祐」という言葉も生まれたように、弁が立つ上祐氏にすべてはぐらかされてしまうという展開だった。元幹部も最後まで納得がいっていない様子だった。

しかしその数日後に会った元幹部は、嬉しそうな顔をして私にB4サイズの紙を見せてくれた。当時、報道機関などにばらまかれていた「怪文書」といわれるもので、誰が書いているのかわからないが、オウム真理教の矛盾点を突くものだった。いまならSNSで発信されるのだろうが、当時はFAXで各社に送られてきた。その怪文書では、先日放送されたばかりの元幹部信者と上祐氏との対決で、上祐氏が論破したように思われた点を、論理的に矛盾していて上祐氏の言っていることがうそで、元幹部信者の言っていることが正しいと指摘していたのだった。元幹部信者は自分にも味方がいたことを知ったからだろうか、とても嬉しそうにしていたのが印象的だった。

オウム真理教内部での上下関係、幹部たちと一般信者たちの違いがどういうところで決まっているのかは知らないが、何度か東京・青山の総本部に出入りしていると、一般信者たちが普通に見えてきた。総本部入り口で荷物チェックをする信者は、雑談にも応じた。自分はこれまで動物を扱う仕事をしていた。動物を扱うということは、より多くのカルマ（業）を積んでいるということなので、自分ももっと修行を頑張ってカルマを落とさないといけないと、一人の信者は語っていた。

一方で幹部信者は威圧的だった。取材では青山総本部の地下に通されることが多かったのだが、窓もない真っ白な壁だけで囲まれた小さな個室では、上からおおいかぶさるような感じで高圧的に話しかけてきた。

そんな中、一般の、というか末端の信者なのだろうか、若い女性がロールケーキに紅茶を運んで来てくれる。しかし私たちは一切口をつけなかった。カンロ水と呼ばれる、麻原が入浴したあとの残り湯を、信者たちはみな喜んで飲んでいると聞いていたからだ。麻原が入った風呂の残り湯でいれられた紅茶なんか飲めるわけがない。ロールケーキもなんだか怪しい。毎回出されるのだが、毎回手をつけずに残して帰っていた。

そのことも、あるとき総本部入り口で荷物チェックをしている信者に聞いたことがある。

「いまでもカンロ水を使っているんですか?」

「いえいえこんな事態なので、かみく(上九一色村《かみくいしきむら》=当時・山梨県。サティアンと呼ばれるオウム真理教の施設がたくさんあった一大拠点)から運んで来られない。だからいまは、普通の水道水を使っています」

その話を聞いて私は、いつも紅茶とロールケーキを出してくれていた女性信者に申し訳ない気分になった。その一方で、地下鉄でサリンをまいた殺人集団であることも事実だった。いまも後遺症に苦しむ被害者も少なくない。自分の甘さに嫌気がさした。

しかし信者の誰もが、その大本をたどればきっと、人の役に立ちたい。人々を助けたい。そんな思いから信者になったのではないかと思う。それが道を大きくゆがめられてこんなことになってしまった。途中で自己矛盾に気づいて脱会した元幹部信者はまだマシだったのだろう。

そんな元幹部信者にも、麻原が逮捕されてからは聞けることが少なくなっていった。当時一部では、謝礼金欲しさになんでもいい加減なことをしゃべる「エセ元信者」もいるとうわさされていた。しかし私たちが接触していた元幹部信者は、答えられることについては答えてくれたが、自分が関わっていないこと、知らないことについては、はっきりと「それは私はわかりません」と言ってくれた。

もうこれが最後になるかもしれない。あるときそう思って、その元幹部信者に会いに行った。都内のある駅前の喫茶店で落ち合った。そのとき聞きたい話をひと通り聞いたあと、「これからどうするのか」と尋ねた。するとその元幹部信者はこう答えた。

「大学も中退したのでなんの資格もない。でも人の役に立てるようなことをしたいと考えている。そのための資格を取ろうと思って、いま勉強している」

私が出会ったオウム真理教の信者たちは（ほんの一部でしかないが）みな生真面目

なところがあったように思う。生真面目ゆえに、途中で軌道修正もできず、途中からゆがめられたレールの上を突っ走ってしまったように思うのだ。私が会ったり話したりしたのは、ほとんどが末端の信者たちだった。彼ら彼女らはいま一体どこでどう暮らしているのだろう。

喫茶店を出て私はタクシーを拾ったが、その元幹部信者はＪＲの改札口に向かって歩いて行った。個人的には、まだ「人の役に立ちたい」という元幹部信者を応援したい気持ちもあった。しかし殺されたり、現在でもなお後遺症に苦しんでいる人たちも多い。そんな応援するような気持ちを一瞬でも抱いてしまった自分が罰当たりな気になった。でも、元幹部信者の行く末を案じていたことも事実だ。

ＪＲの改札口、すぐに雑踏に飲み込まれていった元幹部信者は、いまどこでどうしているのだろうか。いや、そんなことを思うことさえはばかられるような気もする。

地下鉄やＪＲの駅からゴミ箱が撤去されたのも、地下鉄サリン事件のあとからだ。ゴミ箱がない不便さを感じるとき、いつもこの事件を思い出す。

人々を助けたいと思って集まったはずの若者たち。それがいつの間にか「殺人」が人助けだと思うようになってしまった。人々の優しい心の隙間につけ込んだ凶悪犯罪。もう「昔」の事件ではあるけれども、決して忘れてはいけない事件でもある。

シーン2

海の向こうで

辺境に沈む夕日

「いらなくなったテレビ、ラジカセ、エアコンなど引き取ります。動かなくても構いません」

二〇〇四年、三十八歳の夏。こんな音声テープを大音量で再生しながら、日本全国の住宅街を無数の軽トラックが回っていた。その一台に、私は小型カメラを持って同乗させてもらっていた。声がかかるのを待つため、窓は開けっ放しでエアコンもない。汗の匂いも相まってむせ返るようだった。しかし軽トラを運転する齢《よわい》七十くらいのオジサンは、短パンにランニングシャツ一枚で、元気に根気よく住宅街を流す。BGMは、セミの鳴き声。

それにしても、結構声がかかるものだ。低速で走行しているのだが、走って追いかけてくる人も少なくなかった。家電製品を捨てる理由はいろいろだ。動かなくなったから、もう古くなって新しいものを買ったからなど。五、六時間も住宅街を流すと、軽トラックの荷台は家電製品でいっぱいになった。

そうやって集められた家電製品は、一体最後はどこへ行くのだろう？　そんな素朴な疑問を追いかけようという、経済ドキュメンタリー番組に参加した。一時間番組の中の十五分くらいだっただろうか、一つのコーナーを担当させてもらった。

私たちが取材させてもらったのは、埼玉県にあるリサイクル業者だった。

午後になると、ひっきりなしに軽トラックがやって来て、住宅街から集めてきた家電製品を下ろしていった。そして、その家電製品を量や種類などによって、決まった値段で買い取ってくれるのだ。

その会社の倉庫を見せてもらった。小ぶりな体育館くらいの広さで、買い取った中古家電製品が種類別にまとめられ、高い天井付近にまで積み上げられていた。街を行く軽トラがテープで呼びかけている通り、壊れているものもある。それでもいいのだという。

倉庫の出入り口は二つあるのだが、片方の出入り口には、貨物船に積まれる大きなコンテナが置かれていた。若者たちが、せっせと中古家電をコンテナに積み込んでいる。中古家電は一ミリの隙間もないように、器用にびっしりと積み込まれていく。エアコンは、室外機と室内機それぞれに同じ番号を油性ペンで書いて、どれとどれがセットになっているか、すぐにわかるように工夫してある。

ところでこれらは一体どこへ行くのか？　リサイクル業者の小林社長に聞いた。

「世界中に行きますよ。アジア、アフリカ、南米、中東、もう世界中どこにでもです」

外国に行くのか！

きれいに整頓された倉庫内には外国人の姿が複数あった。アフリカ系、アジア系、中東系、本当に世界中から来たであろうことが容易に想像できた。この会社では、メーカーなどの一流企業を定年退職した、外国語が堪能な人たちを再雇用しているという。事務所ではいろいろな言語で、電話越しに初老の男たちがやり取りしていた。

倉庫の横には、二階建てのプレハブのワンルームマンションのようなものがあった。各国から買い出しにやってきたバイヤーたちを無料で泊めているのだという。中を見せてもらった。洗濯機やシャワールームは共同だが、とても清潔に保たれている。部屋も短期間住むには十分な広さでエアコンも完備。これで無料とはもったいないと思えるほど十分な宿泊施設だ。取材クルーがおじゃましたときも、何人もの外国人バイヤーがそのプレハブに宿泊していた。

そこで社長に相談した。

「これらの中古家電が、最後はどんな人たちに渡るのか、このコンテナの一つに、ついて行きたいのですが」

「ああいいですよ」

小林社長は倉庫にいたバイヤーの一人に声をかけてくれた。

「テレビの人たちが、このコンテナについて行きたいっていうんだけど、いい？」

五十歳くらいのヤクブさんというパキスタン人男性だった。民族衣装なのだろうか、中東系独特のゆるい衣装に小さな帽子をかぶっていた。みながキビキビ動いている中で、ゆったりと構えた感じが印象的だ。

「べつに構いませんよ」

ヤクブさんはお得意さんで、何度も日本に来ているという。日本語も達者だ。小林社長も新たなバイヤー獲得のために、私たちと一緒にパキスタンに行ってくれることになった。

しかしよく聞くと、コンテナを開いて商売しているところはアフガニスタンだという。ヤクブさんは、アフガニスタンとパキスタンとの国境の町のパキスタン側に住んでいる。二〇〇四年のアフガニスタン。ちょっと腰が引けた。

二〇〇一年のアメリカ同時多発テロ以降、アフガニスタン国内ではアメリカや有志国連合がアルカイダ壊滅を狙って戦争状態だ。失礼かと思いながらもヤクブさんに聞いた。

「そんなに危なくはないですよね?」

するとヤクブさんは言った。

「パキスタンは大丈夫。でもアフガニスタンはちょっと危ない」

おいおい。私は戦場ジャーナリストではない。今度の取材で命をかける覚悟はできていない。だが、ほかに我々の希望するスケジュールで撮影に付き合ってくれるバイヤーはいなかった。選択の余地はない。

最終的には、「でも大丈夫」というヤクブさんの言葉に押されて、数週間後、自身初めての中東へ向け、私たち一行は機上の人となった。


成田を発って、バンコクとイスラマバードで飛行機を乗り継いだ。乗り継ぎも含めると十時間以上かかっただろうか。着いたところは、パキスタン西部のクエッタという地方都市の空港だった。とにかく人が多い。肩と肩がぶつからないと進めないくらいに、ごった返している。

そんな空港をなんとか抜け出し、そこから今度は車に乗り換えて三時間ほど揺られた。ヤクブさんの親戚か仕事仲間か、男性が一人空港で待ち構えていて、車のキーを渡してくれた。白いトヨタ車だ。乗り心地は悪くない。

木々もない、真っ黒な地肌むき出しの山々を乗り越えて行く。貨物船から下ろされた大型コンテナを運ぶトラックも道中いくつか見かけた。あれもヤクブさんのコンテナだろうか。

目的地が近づいてくると、運転しているヤクブさんは「チャマン、チャマン」と嬉しそうに連呼する。そう、私たち一行が目指すのがそのチャマンというところだ。ヤクブさんの自宅があり、家族が待っている場所。ヤクブさんの気分が高揚するのもよくわかる。

チャマンとは、アフガニスタンとの国境近くにある人口一万五千人程度の小さな町だ。荒野の中にポツンとある。アフガニスタン第二の都市カンダハルに通じる、アフガン内戦の軍の重要なルートにも位置していた。

町に入ると活気が出てきた。しかし、色がない。建物もなにもかもすべてが砂でできているような印象だった。すべてが黄土色というイメージ。

町中ではみながジロジロ見つめてくる。車自体がそんなに走っていない。しかも一行が乗っているトヨタ車は高級車。目立つわけだ。ハンドルを握るヤクブさんは、相変わらず「チャマン、チャマン」とご機嫌だ。町を歩く人々は、大人も子どもも全員同じような民族衣装に身を包んでいた。頭にちょこんと乗せた帽子が印象的だ。

チャマンの街並み

「着きました」

ヤクブさんにそう言われて到着したのは学校か？と思うような場所。高い塀がずっと続いている。その入り口に子どもたちが十人以上集まって遊んでいた。その子らを避けながら車は入り口から塀の中に入っていった。そこから少し行ったところで車は止まり、私たちは車から降りた。

よく事情が飲み込めない。ヤクブさんに聞いてみて驚いた。いま目の前にある豪邸がヤクブさん家族が暮らす家で、この高い塀で囲われたところがヤクブさん一族が暮らす敷地だという。ヤクブさんの豪邸は二階建てで、白を基調にして、カラータイルも使われた、明るい感じの素敵な家だった。

ヤクブさんの家だけでなく、敷地の中に豪邸がいくつも建っている。ヤクブさんは日本から中古家電を輸入する仕事で、こんなに財を築いていたのだ。

豪邸の中へ入ると、すぐ左側がリビングだった。ゆったりとした広い部屋でテレビも大きい。小林社長がテレビをつける。いろいろな番組が見られた。CNNもBBCも、それこそあらゆる番組を見ることができた。そういえば、豪邸の上には大きなパラボラアンテナが設置されていた。

ヤクブさんはさっそく敷地内を案内してくれた。羊も数頭飼っていた。もちろん食用だ。そしてとにかく子どもが多い。われわれ見慣れぬ日本人にも笑顔でじゃれついてくる。かわいい。ヤクブさんに聞くと、長男は中学生でイスラマバードの全寮制の私立の学校に入っているとのこと。どこの国の親も子どもの教育には熱心だ。ただ気づいたのは女性の姿が一切見えないこと。子どもはいる。小さな女の子たちは無邪気に敷地内で遊んでいた。でも成人女性をまったく見かけない。ヤクブさんに聞いた。

「女性はみんな部屋の中で仕事しています」

宗教的な理由からだろう、町中でも一切女性を目にすることはなかった。

今回はリサイクル業者の社長とカメラマンと私、この三人の日本人をヤクブさんが

チャマンのメインストリート

案内してくれた。

翌日の早朝から、さっそく町中に出た。まずはチャマンのメインストリートへ向かった。みな独特の民族衣装を着ていて異国情緒満点だ。香辛料の匂いでもするのかと想像していたけれども、匂いは特にない。ただ、とにかく空気が乾燥している。あまりにも乾燥しているために、ロケは朝から昼過ぎくらいまでが限界だった。

通りに面する建物の二階に上がって街の俯瞰《ふかん》を撮影した。荷台に色とりどりの野菜や果物を乗せた台車があり、その周囲には人だかりができている。通りの左右には、所々になにかのお店があり人々が出入りしている。活気にあふれた平和な町、そんな印象だ。

日本人は珍しいらしい（中央・筆者）

ただ通りに下りて撮影していると、日本人が珍しいらしく子どもたちに囲まれてしまう。その背後では数人の大人たちも物珍しそうに見物していた。まったく撮影にならない。撮影は諦めカメラマンと交互に、その大勢の子どもたちを背景にして写真を撮った。

子どもたちはみなきれいな目をしている。将来の夢などあるのだろうか。言葉ができれば聞いてみたかった。しかし英語が通じないどころか、ヤクブさんによるとこの地域は三つから四つの民族、言語が入り交じっているらしい。私たち日本人はかなり目立ったが、いまのところ身の危険は感じない。活気のある町というイメージだ。

町角に、若者たちが数人群がっていた。

のぞいてみると、中古品らしきラジカセが売られていた。日本のメーカー品だ。彼らにとっては高嶺の花なのだろう。

私が初めてラジカセを買ってもらったのは小学五年生くらいのときだった。それで生活が変わったことを覚えている。カセットテープで音楽が聴けて、深夜ラジオに没頭した。

パキスタンの田舎町でラジオ放送が聴けるのかどうかはわからないが、ニュースなどでも聴くことができれば彼らにとっては革命的なことだろう。何十分もラジカセをじっと眺めている彼らの気持ちがよくわかる気がした。

その翌日、いよいよアフガニスタンに入国することになった。その日、国境を越えてから車で二十分くらいの場所でコンテナを開くことになっているという。朝一番で、ヤクブさんと小林社長、カメラマンと私の四人は、ヤクブさんが運転する車で国境へと向かった。

国境の出入国管理事務所は、木造の民家のような建物だった。庭というのだろうか、広い敷地に緑の葉をつけた木々が何本も植わっていた。窓口へ行っても、誰もいない。パキスタンからアフガニスタンへ入国しようという者も、私たちのほかには誰もいなかった。十分、十五分、二十分近く経った頃にようやく係官らしき男性がやって来た。
まぁ海外ではよくあることだ。そんなに驚きはしない。そしてやっと手続きを始めようかというとき、係官は大きなファイルを取り出した。なんと、そのファイルにパスポートナンバーからビザの番号、名前など、すべて手書きで書き込んでいるのだ。これにはちょっと驚いた。出入国の管理をすべて手書きのファイルで行うということは、アフガニスタンからパキスタンに再入国するときには、その手書きのリストを端から順番に見て該当する人間を探すということだ。ものすごい手間だなぁ。別のルートで再入国するときは確認できるのか？　そんなことを思っている間に、手続きが済んだようだ。車に乗るとゲートを開けてくれた。

アフガニスタンに入ったと思うと少し緊張してきた。周囲には何もない。延々と荒野が続く。しかし十分も行くと左右に建物が見えてきた。そしてしばらくしてヤクブさんがハンドルを左に切ると、大きなコンテナがバラバラと放置された広場のようなところに出た。そこで車から降りる。そのコンテナの一つを、今日開けるというのだ。もう大勢の人たちが集まっていた。子どもも多い。

コンテナはすべて日本から来たもの

いよいよコンテナを開ける。ヤクブさんの指示のもと、数人の男たちでコンテナの扉を開く。そしてその場にいた全員が手伝って中身を出す。

今回中身はすべてラジカセのようだ。ある程度のかたまりが複数できるように、ラジカセを広場に積んでいく。隙間なく積み込まれていたラジカセがすべて広場に並んだ。これから商談。一体どのように値段や買う量を決めるのか。まずヤクブさんと交渉相手数人がハンカチのような布切れの下で手の指を握り合う。これで値段を決めているという。それを何回か繰り返すと終わり。あっという間だった。

その場で現金のやり取りは行われない。誰がいくらで、何をどれだけ買ったのかわれわれにはまったくわからなかった。しかし勝手を知っている彼らは、それぞれに自動車や荷車、ある者は羊にラジカセを何台もヒモでぐるぐる巻きに縛り付けて、日本から届いたばかりの宝物をどこかに運んで行った。

その後、少し離れた場所に移動した。さびたコンテナの横壁がくりぬかれ、小さな直方体の箱のようになっている。ドールハウスのような感じだ。その中に日本から運ばれてきた中古家電製品がびっしりと並べられていて、それが一つの店になっているのだ。そんな「店舗」がいくつもある。一大家電街だ。コンテナとコンテナの屋根の間には布や板が渡されていて強い日差しを和らげている。

修理屋さんも店を広げていた。作業台で分解したラジカセの基板を、ハンダゴテでいじくっている。話を聞くと「シャープでもソニーでもパナソニックでも、部品さえあればなんでも直せるよ」とのごと。これらはみな、日本では不用品、つまりゴミとして捨てられたものだ。それらをひとつひとつ修理して、きれいに磨いて店頭に並べる。これと同じことがここアフガニスタンだけではなく、アフリカでもアジアでも南米でも行われているという。すごいな。素直にそう思った。

アフガンの秋葉原　地元の人たちの「夢」が売られている

小林社長も早速営業を始めた。コンテナをひとつひとつ回り、英語で積極的に自己紹介する。持ってきた会社の倉庫の様子を写した写真を見せながら慣れた感じで堂々と渡り合い、名刺を配っている。「俺は学がないから」と言っていた社長だが、まったくそんなふうには見えなかった。カッコイイとさえ思った。

カメラマンと私は、そんな小林社長の営業風景を撮影しながら、あるチャンスを狙っていた。それは、ラジカセを買いに来た人に家までついて行かせてもらおうというものだ。

そこはアフガニスタンの秋葉原といわれているそうだが、実際の秋葉原ほどお客は来ない。たまに客らしき人がやって来るが、ヤクブさんに声をかけてもらうと、全員が買い付けにやって来たお店の人たちだった。

しばらくすると買い付けに来る人たちもいなくなってしまった。カメラマンと私は少し焦り出していた。このままでは肝心のシーンが撮影できない。もう無理かな、そう思ったとき一人の男性がラジカセを一つだけ手に取って支払いをしている。一つだけしか買わなかったことに「個人客では」と思い、慌ててヤクブさんに声をかけてもらった。

ビンゴ！　子どもたちのためにラジカセを買いに来たという個人客だった。

「家までついて行って、子どもたちとラジカセで音楽を聴いているシーンを撮影させてもらえませんか？」

答えはイエスだった。

これはたびたび現場で感じることなのだが、「取材の神様」はいると思う。今回はいい番組になったとか、今回はいい取材ができたと思える場合、見えざる神の手に助けてもらっていることが大抵なのだ。偶然とか、ラッキーといったケースに助けられる場合だ。それを私は「取材の神様」と呼んでいる。今回もまさにそのケースだった。

その男性の車をヤクブさんの車で追いかけた。十分ほどで到着したその男性の家も、高い塀で囲まれたそこそこ立派な外観だった。塀の中で車を降りると、男性は取材クルーに構わずどんどん家の中に入っていく。ヤクブさんが「入っていいよ」と言うので、私たちもその男性客についてどんどん家の中に入っていった。

色もなく豪華ではないが、しっかりとしたコンクリート造りの家に入ってすぐのところに下り階段があった。地下に下りていく。男性がなにか声を発すると、子どもたちの声が聞こえてきた。部屋に入ると五歳くらいから十二、三歳まで五、六人の子どもたちがいた。ラジカセを見て、みな大喜びだ。さっそくその男性、お父さんがカセットテープを入れてスイッチを押すと音楽が鳴り出した。子どもたちは自然と手を叩き出す。やがて手を叩きながら輪になってぐるぐると回り出した。

音楽一つで、生活がこんなにも彩られるとは。感動に近いものがあった。子どもたちはこれから毎日音楽を聴く生活を楽しむのだろう。ラジカセの奪い合いでケンカも起きるかもしれない。でもきっとこれまで以上に楽しい日々が待っているはず。

日本人が捨てたゴミで、中東の一家に笑顔が訪れた。このラジカセを捨てた人は、そんなことは夢にも思っていないだろう。同じようなことが世界中の発展途上国で起きていると思うと、胸にこみ上げてくるものがあった。

これで大体の撮影は終わった。

取材をさせてくれた一家の家を出て初めて、私たちに警護がついていることに気づいた。小銃を持った男性が二人いた。そういえばコンテナを開けるときにも見かけた気がする。ヤクブさんが警護の男性二人に謝礼を渡していた。カメラマンと私も彼らにお礼を言った。

「シュクリア」

現地で使われているパシュトゥー語で、ありがとう、という意味だと教わった単語だ。警護の男性二人は、それぞれ自分の胸に手を当ててお辞儀をしてくれた。気持ちは伝わっただろうか。

その日の夕方、ヤクブさんの家で久々にくつろいだ気分でいた。ヤクブさんは豪邸の屋上に案内してくれた。社長にカメラマン、そしてヤクブさんと私。ゴザを敷いて寝転び、雑談をしていたら、そこに三歳くらいの子どもがやって来た。ヤクブさんの子どもだ。名前を聞いたが忘れてしまった。でも、目がくりくりしたお父さん似のすごくかわいい男の子だった。

「この子もイスラマバードの全寮制の学校に入れるのですか」

このあたりにはちゃんとした学校がないのでそう考えているという。子どもと離れて暮らすのは寂しいだろうに。

「だからいま、こうして遊んでやっているんですよ」

驚いたのはヤクブさんの年齢だった。五十歳くらいだと思っていたら、なんと私より一つ若い三十八歳だった（私は十一月生まれ）。苦労の経験値が私とは桁違いなのだろう。

ヤクブさん宅の屋上からは何もない荒野が延々と広がっているのが見えた。そこにちょうど夕日が沈もうとしている。カメラマンはカメラを回していた。私も使い捨てカメラで一枚写真を撮った。

パソコンで「チャマン」と検索するとパキスタンの地図が出てきて場所がよくわかるので試してみてほしい。本当に僻地だ。でもこんな最果ての小さな街にも人々の営みがあった。喜怒哀楽があった。人間が生きていた。まさに世界の片隅での出来事だ。

チャマンの人々が泣こうが笑おうが世界の誰も関心を持たないだろう。でもそこにも確かに人々が生きていた。沈みゆく夕日は、私がこれまで日本で何度も見てきたものと同じだ。世界って、広くて狭いんだなぁ。そんなことを、チャマンに沈む夕日を見ながら思った。

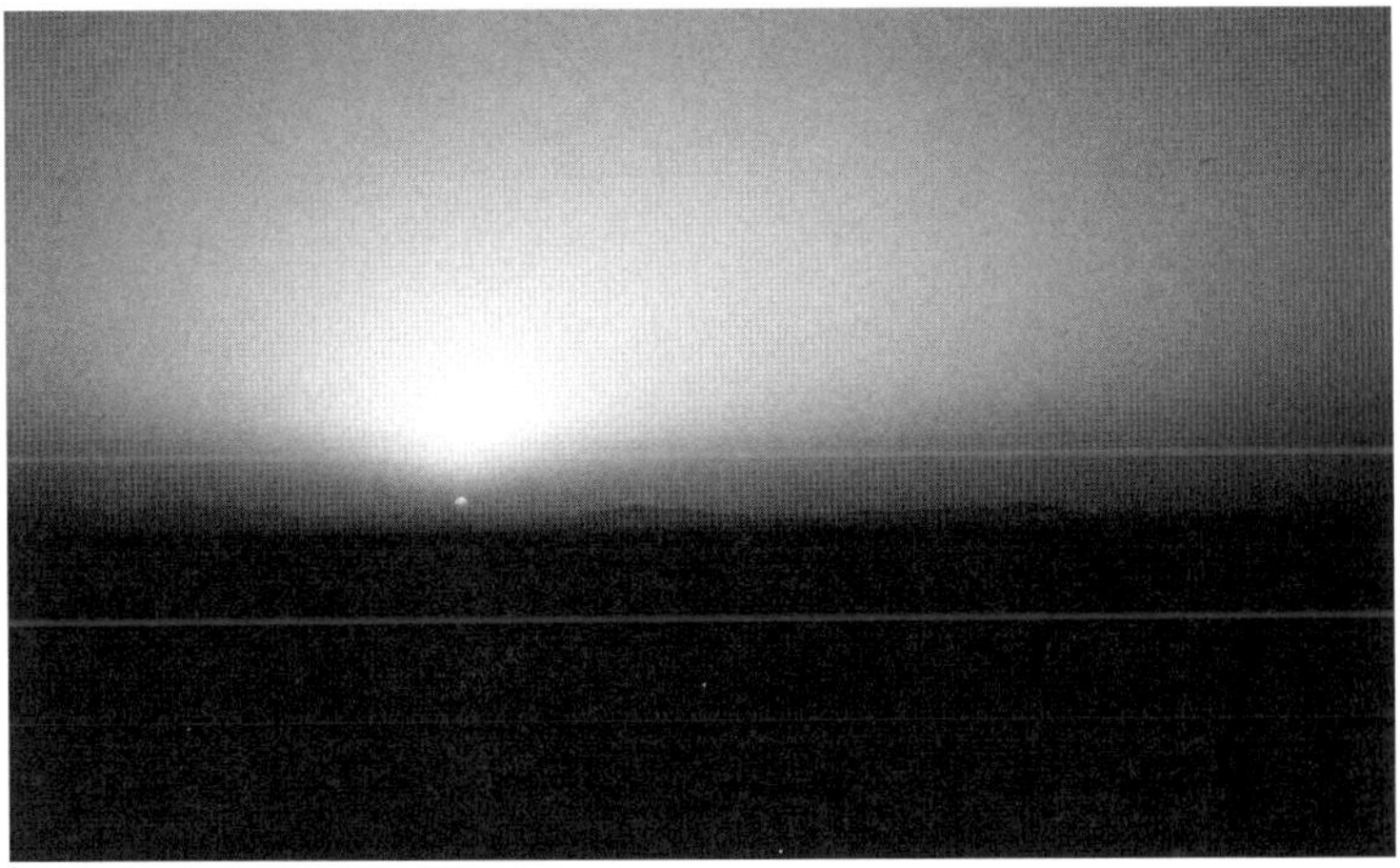
チャマンの荒野に沈む夕日　日が落ちたら真っ暗だ

「世界の片隅」

有名なアニメ映画のタイトルに使われてしまったが、私の中では高校時代からずっと胸の底にあったキーワードなのだ。人間はみな、世界の片隅で生まれて、世界の片隅で生きて、世界の片隅で死んでいく。それ以上でもそれ以下でもない。生きるって素晴らしい。パキスタンの辺境で、心の底からそう思えた。沈みゆく夕日に照らされて、私たちの生命も燃えているように赤い。なんともいえない喜びが湧き上がってきた。

後日談だが、翌年そのパスポートでアメ

リカに入国する際、入国審査の若い男性係官がパキスタンのビザを見つけて険しい表情になった。

「アー・ユー・ア・ジャーナリスト?」

そう聞いてくる。

「イエス・アイム・ア・ジャーナリスト」

私はそう答えた。そのパスポートには、在日アメリカ大使館発行のジャーナリストビザが貼り付けられていたので信用してくれるだろう。

しかしその係官はパスポートのページを次々にめくり、細部をチェックする。仕事熱心な係官だ。その係官が突然笑い出した。パスポートのページを見ると、アフガニスタンのビザが押されたページだった。「まいったよ」とでもいうように、大げさに両手を広げたら、係官は笑いながらハンコを押して入国を許可してくれた。

その係官にも、パキスタンやアフガニスタンの話を聞かせてやりたかった。意外といいところだったよ、と。そこアメリカの空港にも、あの日見たのと同じ太陽の日がさんさんと降り注いでいた。

海に沈む国

二〇〇五年に、隔月で一年間、環境問題について考える特別番組を放送するという企画に参加させてもらった。その二回目の放送に向けて、私はツバルにロケに行くことになった。三十九歳の春だった。

ツバルとは、南海の楽園と呼ばれるフィジーより北におよそ千キロのところに位置する、九つの環礁からなる国だ。当時は地球温暖化による海面上昇で、世界で最初に沈む国といわれていた。その後の調査でほかの原因が指摘されているが、海抜三メートルを超える土地はほとんどなく、もし海面が上昇したら本当に沈んでしまう危うい島であることに変わりはない。

そのツバルでは年に数回、地面から海水があふれてきて島中が水浸しになることがある。その年に数回のチャンスにかけて、私たちはツバルに飛んだ。

日本からツバルに行くには少々面倒だ。まず成田からナンディというフィジー西部の空港に飛ぶ。この便が週に三便。そしてナンディからフィジー東部の首都・スバにすぐまた飛行機で移動。ここからツバル行きの飛行機が出ている。これも週二便。一番効率よく乗り継げるスケジュールを組んで、私たち取材クルーは出発した。

ツバルの首都、フナフティで待ってくれていたのはナッツさんだ。本名、もんでん奈津代さん。私より二歳くらい若い女性コーディネーター。

コーディネーターというのは、現地での取材のアレンジや通訳をしてくれる人のこと。

しかしナッツさんにとっては、コーディネーターが本業ではない。ナッツさんにとっての本業は、南の島に暮らすこと。日本でお金を稼いで、ある程度たまったらそのお金で南の島に暮らす。いまはツバルに暮らすことが多いという。当時五歳くらいの娘さんを連れてツバルに来ていた。娘さんも、日本で暮らすよりもツバルのほうが好きだという。パートナーは日本に残して来ている。パートナーの男性も、そういう暮らしで納得しているという。ナッツさんの信条は「いつでも死ねる状態でいる」こと。悔いのない人生を生きたいということだ。

あいさつもそこそこに、ナッツさんがアレンジしてくれている家族のもとへ取材に向かった。小さなエンジン付きのボートで海を渡って行くのだが、海がとにかく美しい。こんなに透明度が高い海は初めて見た。そんなに深くはないのだが、海底のサン

ツバルの首都フナフティの空撮　島の中央に見える直線が滑走路　島の規模がわかる

ゴがはっきり見える。

最初の取材は、海の近くにあった家が、海面上昇で内陸に引っ越さなくてはならなくなったという家族。浜辺には、住居の土台とおぼしき太い木が刺さったまま残されていた。それを撮影して、引っ越した家族に話を聞くというものだった。

「あーこれですか」

そう言うとナツさんはちょっと困った顔をした。

「実は、海面上昇で引っ越したのではないんですって。別の理由だったんです。どうしますか」

どうしますかと言われても、それが事実でなかったのなら仕方がない。

「わかりました。いいですよ。じゃ、ここ

透き通ったツバルの海

の撮影はやめましょう」

この島には、その撮影のためだけに来たのでもうやることがない。でも景色があまりにも素晴らしく立ち去り難かった。するとナツさんが、声をかけてくれた。

「この家の方が、お昼ごはんを一緒にどうぞと言ってくれています」

ツバルの人たちが食べる日常食ってどんなものだろうか。私たちはその一家の厚意に甘えることにした。

「失礼します」と靴を脱いで上がった。高床式住宅で、家に壁はない。風がよく通るように作られている。遠い外国から来た客人のために、食卓にプレートに載った食事を用意してくれていた。みな美味しくいただいたが、中でも芋を練ったような甘いものが一番美味しかった。何度もお代わりしてしまった。申し訳なかったかなと、あとで思うくらいに。

ナツさんはもう何度もツバルに来ていて、通算で何年もツバルで暮らしている。ツバル語が堪能だ。私たち取材クルーと、食事をごちそうしてくれた家族の間の会話を取り持ってくれた。その家族はとにかく明るい。海面上昇で島が沈むのは心配だと言いながらも笑顔が絶えない。私たちをもてなそうとしてくれているのだろう。その気持ちが嬉しかった。

帰りは大雨に降られた。ボートで元のところに戻るのだが、ボートが沈まないか心配だった。フナフティに戻る頃には雨もやんでいた。今度は、どこからか借りてきた軽トラックで島を回った。のどかな風景が続く島だった。ナツさんは外国人で、何年も暮らしているからだろう、彼女が地元の人とすれ違うといつも「ナツ!」と声がかかる。ナツさんもそれに応えていた。彼女とその娘はツバルのアイドルのようなものだ。

軽トラックで島の最果てまでやって来た。そこにはゴミが大量に捨てられていて、燃やそうとしていたのか、煙がくすぶっていた。ナツさんによるとツバルのゴミ問題は深刻なようだ。捨て場がないのだという。それはそうだ。天国に近い島と呼ばれ、

海面上昇で根っこがえぐられバタバタと倒れる椰子の木

本当に天国のように美しい海と景色を持つツバルでも人々は生活している。当然ゴミも出る。このままではゴミで島が埋まってしまうのではないかと心配した。しかし現状、ツバル政府も特に対策は考えていないようだという。そんな心配をしながらも、帰り道、ジューススタンドのようなところで、ツバルに沈む夕日を背景にコーラを飲んだ。

夕食は、島に一軒しかない中華料理店でテーブルを囲んだ。というか、一週間ほどの滞在期間中、毎晩この店で夕食をとった。ほかに食事ができるところがないからだ。

しかしそこは安定の中華料理。私は毎晩食べてもまったく飽きがこなかった。その

ツバルの夕日　世界中どこで見ても同じ夕日

中華料理店には屋根がない。夜風が気持ちよかった。ビールもうまい。異国で呑むビールはなぜにこんなにうまいのか、そんなことを考えながら料理に舌鼓を打っていると、突然ナツさんが真顔で話し始めた。

「私、テレビの人たちって大嫌いなんです」

え？　一瞬場が凍りついた。が、ナツさんは淡々と続けて話す。

「テレビの人たちは、ツバルの人たちに平気でやらせを強要するし、私の大好きなツバルの人たちを上から見下しています。どうしてテレビの人たちは、みんなあんなに傲慢《ごうまん》なんですか」

「いや本当にすみません。事実そういう連中はいます。本当に申し訳ない」

その話はそれで終わった。別にナツさんも私たちを問い詰めようとしていたわけではなかったようで、何事もなかったように食事をし、ビールを呑んで、和やかな雰囲気でその日は解散となった。


翌日からは、ロケの最中も夕飯のときにも、その話題は一切出なかった。私も特に意識はしていなかった。

そしていよいよ地面から海水が湧き出てくる日を迎えた。公民館のような建物前の広場が一番海水があふれ出るというので、そこにカメラを据えた。突然だった。足元のアリの巣のような小さな穴から水が湧き出してきた。音もなく。不気味だった。三十分くらいだったろうか、建物前の広場がほとんど水浸しになった。その様子を撮影したあと、島のあちこちを回った。いろいろなところから海水があふれ出している。勢いよく噴き出しているところもあった。今日、いまこの島は沈んでしまうのではないだろうか。そんな恐怖にかられた。

それが今回の撮影のメインイベントだった。翌日からはツバルの人々の日常生活や、小さな島を撮影したりして過ごした。初日と同じような小さなエンジン付きボー

不気味に湧き出してくる海水

トで、片道一時間くらいだったろうか、フナフティから離れた小島に向かった。ボートが停まっていたところは、大きな船も停泊できるようだった。若い男たちが大勢群がっていた。

小島に向かう船の中、ナツさんがこんな話をしてくれた。ツバルは小国で、外貨を稼ぐ手段として船で世界中を回っている。ツバルには船乗りが多い。それが問題なのだ、と。船員たちが船で寄港する世界各地でプロの女性を買い、そこでエイズをもらってくるのだという。そうして帰国後、自分のパートナーに移してしまうという悪循環が断ち切れないのだそうだ。

「いま、ツバルは地球温暖化で沈む前に、エイズで国が沈むといわれているんです」

ツバルの人たちの家

ショッキングな事実だ。そういえばツバルに入国するとき、私たちと一緒に国際機関の人々がいた。あとで聞いたら、エイズの啓発活動に来ていたようだった。人間の欲望が絡んだ案件だけに、これは簡単にはいかないのではないか。そんなことを思っていたら、目的の小島に着いた。

その島はバサフア島という本当に小さな島だった。歩いて島を一周しても十分もかからないような大きさだ。潮が満ちてくる様子をイメージとして撮ろうと思ったのだが、それを待っている間がつらかった。太陽が痛い。麦わら帽子をかぶり、バスタオルを肩からかけているのだが、じりじりと体が焼かれる。しかし、それにしても海がきれいだ。本当に透明度が高い。遠くを泳いでいる小魚の群れもよく見える。気持ちが洗われる。日本に帰りたくない。本当にそう思った。

いよいよ日本に帰る日がきた。ナツさんが空港で、地元の人が作った貝殻のネックレスなど、お土産をたくさん買ってくれた。なんだか申し訳ない。ナツさんに別れを告げて飛行機に向かう。とはいっても、滑走路は飛行機が飛ばない日には子どもたちがサッカーをしたり、大人たちも昼寝をしたりという小さな小さな空港だ。飛行機に乗り込む直前、ナツさんのほうを振り返ると、満面の笑顔で手をちぎれんばかりに振ってくれていた。

このナツさんがおよそ三年後に、私に奇跡をもたらしてくれることになるとは、そのときはまったく思いもしなかった。

カトリーナの爪痕

二〇〇五年秋、環境問題をテーマにした特番で、異常気象の取材のために、ハリケーン・カトリーナの直撃からほぼ百日後のアメリカ・ニューオーリンズを訪れた。

ダウンタウンのビル　被災から3カ月以上経つのに窓が割れたまま　雨が降ると中はびしょ濡れになる

機能していない信号機（交差点）も多かった

「ツバル」を取材したのと同じシリーズ企画だった。

なにも変わっていない。

被災直後のまま。ダウンタウンでさえ、ビルの窓は割れたままで、倒れた信号機もそのまま放置している。

「この街を再生して、それだけのお金を払ってまで、再びここに戻ろうという人たちがどれだけいるだろうか」

被害の大きかった住宅街では、地元の人がそう言っていた。

皮肉なことに、治安は良くなったという。多くの住人がほかの州に避難しているからだそうだ。被害の大きかった住宅街では、ほとんど人とすれ違わない。そこに車から降り立ってみる。


音がない。


車の音も、作業の騒音も、人々の話し声も、犬の鳴き声すらない。シーンと静まり返っている。被災家屋が延々と並ぶ通りは、まるで映画の撮影セットのようだった。

あたりは気のせいか、かすかにカビ臭い。

住宅街の惨状

この家では一人の遺体が発見された

阪神・淡路大震災の取材のときにもまったく同じことを思った。しかし阪神・淡路大震災のときとの決定的な違いは、立ち直りのスピードだ。神戸では確か、一カ月もしないうちにビルの解体工事が始まっていたように記憶している。だがニューオーリンズでは三カ月以上も経つというのにまったく何も手がつけられていない。堤防の改修工事が始まった程度。それさえもまだ本当に手をつけ始めたばかりといった感じだ。

この反応の鈍さはなんだろうか?

「アフリカ系の人たちは普段もっと貧しい生活を送っているから、避難生活も問題ない」

被災直後に、当時のアメリカ大統領ブッシュ氏の母親がそう発言していたことを思い出した。当時の日本以上に「富める者」と「貧しい者」の差が大きかったのだろう。富める者たちは、貧しい者たちの生活を思う想像力を持ち合わせていない。アメリカの根底に横たわる「人種差別」という問題を思った。考え違いかもしれない。しかし……。

軍の救助隊が被災家屋を捜索したときに「×」印を家屋の外壁にスプレーで書き付けていた。「×」の上には捜索した日付。下にはそこで発見された遺体の数。これを見ると、中流家庭の住宅街が捜索されてから、さらに一週間ほど経ってスラム街の捜索が行われていることがわかる。ただ単に、水が引くのを待っていただけなのかもしれない。しかし……。勘繰りすぎだろうか。

そういえば、不思議なことにアフリカ系アメリカ人の姿をあまり見かけなかった。もちろんまったくいないわけではないが、圧倒的に白人のほうが多かった。「だから治安がいいんだよ」という声も聞いた。それはそれで事実なのだろう。

被害の小さかった繁華街「バーボン・ストリート」の週末の夜は、人々であふれ返っていた。撮影中に「なにやってんだ?」「どこから来た?」と声をかけてくる人たちに、「ここに住んでいる方ですか?」と聞き返した。ほとんどの人が「復興支援で来てるんだ」という答え。「ええ、ここの住人よ」と答えたご婦人方は、身なりのいい白人だった。

気のせいか、かなり酔っ払っている人たちが多かった。LA在住のコーディネーターに聞くと「アメリカ人も、これくらいは酔っ払いますよ」とのことだったが、平日にニューオーリンズで働き、暮らすことのストレスを想像した。

ホテルの部屋が二日間掃除されていなかったのでフロントに聞いたら「従業員が確

保できないので、部屋の掃除は三日に一度とさせてもらっています」とのこと。巨大スーパー「ウォルマート」も、従業員が確保できずに営業再開のめどが立たないでいるらしい。


そうこうしているうちに、またハリケーンの季節がやって来る。

「もうこの街はダメなんじゃないか？」

正直なところ、そう感じた。

「ブッシュよ、イラクで戦争している場合じゃないだろう？」

ブッシュ大統領がニューオーリンズに対して、イラクほどには関心を抱いていないことは確かなようだ。ブッシュ氏の評判は、どこに行ってもすこぶる悪いそうだ。

「LAやNYのような大都市だけかと思っていたけど、どこに行っても評判が悪い。なぜそんな人間が大統領をやっているのだろう」

コーディネーターはそう言う。

バーボン・ストリートでは五十歳くらいの酔っ払った白人男性が絡んできた。

「俺はイラク戦争に反対なんだ。俺の意見をカメラで撮れ」

意見はそれぞれあるだろう。でも、自分の国の一つの都市が、自然災害でこれだけの被害を被っているのに、それを放置しているというのが、まったく解せない。

レストランで演奏するバンドマンたち　客は少なかった

「でもまあ、政治とはそんなものかもしれないなぁ」

そうとも思った。結局他人の痛みを自分のこととして感じることは不可能なのだ。いまの日本を見ても、まったく同じことがいえるのではあるまいか。


そんなニューオーリンズの繁華街で客を盛り上げようと頑張っているバンドマンたち。裏通りにある食堂で、忙しく立ち回るオヤジ。そんな人間たちに、心動かされもした。

ニューオーリンズは、かつてフランスの植民地だった。食堂のオヤジに「出身は?」と聞いた。

「俺はここで生まれたけど、母親はドイツ

人で、父親はユダヤ系フランス人」
そう答えが返ってきた。この店はスープがすごく美味しかった。

みな、世界の片隅で懸命に生きている。

このことだけは、世界中どこへ行っても変わらない事実だと思った。世界観、宗教観、政治的主義主張が異なっていたとしても、人々はそれぞれの場所で生きている。目的を持って生きているか、ただ食うためだけに生きているか。そんなことは問題ではない。人間が生きている。生きていく。このことに心動かされるのだ。この地球上のあらゆる場所で、そんな人間たちがいまも生きている。泣いたり、笑ったり、怒ったりしながら。
貧困の地域で餓えにあえいでいる人たちもいる。でも、そんな彼らも「生きたい」と思っているに違いない。そして地球は回っている。ただただ「スゲーなぁ」と思う。やっぱり、宇宙を創造した神様は存在するかも。そんなことも、ニューオーリンズで思った。

役得

人が、生まれ育った国から出て異国で暮らすには、膨大なエネルギーを必要とすると思うのだが、私がパリで出会った二人の女性も非常にパワフルだった。

私はこれまで、美術番組も担当した。海外の美術館に所蔵されている作品を扱うことも多く、この美術番組でいろいろな国に行かせてもらった。中でもフランス・パリには、オルセー美術館やルーヴル美術館など、美術愛好家にとっては聖地といってもいい美術館が複数存在する。

あるとき、ウジェーヌ・ドラクロワが描いた傑作「民衆を導く自由の女神」という有名な作品を取材する機会があった。一八三〇年に起きたフランス七月革命をモチーフにした作品。多くの屍《しかばね》の上で、半裸の女性がフランス国旗を翻して民衆を導いている、迫力に満ちた絵画だ。

撮影は、所蔵しているルーヴル美術館で行った。普段展示してあるその場所で撮影する。照明機材なども多く、また時間もかかるために必然、休館日を使っての撮影となる。これはほかの美術館でも多くの場合同様だった。

休館日のルーヴル美術館。館内の至る所で清掃作業が行われていた。廊下の各所には監視員が椅子に座り、目を光らせている。清掃作業の音もまあまあ大きい。だがしかし、館内はほぼ貸し切り状態。こんなぜいたくなことはない。

「民衆を導く自由の女神」はとても大きな絵画だ。数時間かけて撮影する。その間、何回か休憩を挟んだ。トイレに行くついでに、ほかの展示室に飾られた絵画も見て回った。

そしてルーヴル美術館の至宝といっていい「モナ・リザ」。普段は人だかりでしっかり鑑賞することがなかなかできないと聞いていた。その前に一人たたずみ、彼女と視線を合わせる。見つめ合うこと五分くらいであっただろうか。彼女は私だけにほほ笑みかけてくれていた。テレビの仕事をしていると、こんな役得にもありつけるのだ。

著名な美術作品が多くあるということで、フランスには何回か出向いた。現地のコーディネーターたちとも、何度も顔を合わせる。昼食は時間がなくてバタバタと済ませることも多いが、撮影終了後の夕飯は違った。高価なレストランには行かないが、現地在住のコーディネーターが勧めるレストランで舌鼓を打つ。中華料理にカンボジア料理、インド料理や韓国料理など。夕飯はお酒が入ることが多く、話も弾む。

いつもフランスでの仕事をお願いしているコーディネーション会社は基本三人所帯だ。ボスは達者な日本語を操るフランス人。電話でやり取りをしたあとに電話を切るとき「ごめんくださいい」なんて言う、古めかしさも持つナイスガイ。宝くじが当たったら世界中を回って映画を撮りたいと語っていた初老の男性。

そのボスの下で働くのは私と同じ年くらいの女性二人。HさんとSさん。Hさんは若い頃からフランス映画に憧れ、初めてパリに旅行した二十歳のときに「再び戻って来よう」と決意した日本人。いまはフランス人の旦那さんと一人娘の三人暮らしだ。

Sさんは日本で生まれた韓国人でフランスも長い。フランスに暮らす理由は聞いていないが、お姉さんか妹さんもドイツで暮らしているというインターナショナルな姉妹だ。

十二月のある週末、スタッフとコーディネーターのボスとで夕飯を食べているときのこと。

「今日これから日仏文化交流センターのクリスマスパーティーがあります。一緒にどうですか?」

ボスがそう誘ってくれた。カメラマンと音声マンは「疲れているから」とホテルに帰ったが、私は「ぜひ」と参加させてもらった。

狭い会場は満員だった。センターに関係のあるスタッフや日本人だけでなく、その友人やパートナーもたくさん参加していた。Hさんは当時生まれたばかりの、まな娘をお披露目していた。旦那さんが優しそうで少し意外だった。Hさんはズバッと物事をはっきりいうタイプだからバランスが取れているのだろうか。

Sさんの当時のボーイフレンドはイケメンのオランダ人作曲家。カメラで私のスナップショットを撮ってくれた。

日本で生まれ、フランスで暮らす。フランス人と結婚して子どももできて。なぜ彼ら彼女らはそういう人生を選択したのだろう。ビジネス、留学、憧れ、成り行き……。人それぞれに理由はあると思うが、共通していえることはみな自分の欲求に素直に生きているということ。私はそう感じた。

そんなことはない、と言われればそうかもしれない。しかし言葉も違い、食べ物や習慣、気候や勝手もなにもかもが違う異国で生きていくということは、どれだけのエネルギーが必要なのだろう。私には想像できない。

ビジネスだけではない、人間関係も、恋愛関係だって乗り越えねばならない。エネルギッシュな人たちであることは間違いない。

年の瀬の夜にパリの小さなスペースで開かれた、日仏文化交流センターのクリスマスパーティー。人々の生きるエネルギーが満ちあふれていた。

シーン3

テレビマン失格

遺影を撮ってこい

その日の朝、いつものようにテレビ局に向かっていた。私は制作会社の所属ではあるが、そのときは「少年少女の事件」を特集する、テレビ局制作の特別番組のチームに加えてもらっていたからだ。

テレビ局に着くなりプロデューサーから言われた。

「昨日事件が起こった。ミヤザワ、いまから○○へカメラマンと一緒に行ってくれ」

何日か泊まりになるが、着替えはその辺で適当に調達しろと。

「わかりました」

そう言ってカメラマンと音声マンと三人で新幹線に飛び乗った。

それは地方にある小さな町で起こった殺人事件だった。中学三年生のテニス部員が、すでに卒業した一学年上のテニス部の先輩に金をせびられ、深夜、加害少年の自宅居間でテレビゲームに夢中になっていた先輩を後ろからバットで殴り殺したというものだった。

その町に着いたのは、あたりが薄暗くなり始めた夕刻だった。改札を出ると、目の前にコンビニが一軒あった。不良少年風の子どもたちが数人で座り込んでタバコをふかしている。まずは彼らに話を聞かせてもらおう。小さな町だし、なにか知っているかもしれない。

「あの事件のこと知っている?」

そう尋ねるとすぐに反応が返ってきた。

「殺された奴知ってるよ。結構なワルだよ」

ただ具体的な話を求めると反応が良くない。

「それはよく知らない」

これ以上は話を聞けないと判断し、タクシーで事件現場へ移動することにした。

「あの事件現場へ」

そう言うだけで、ドライバーはすぐに車を発進させた。小さな町のことだ、誰もが知っていた。現場への道中、ドライバーも言う。

「殺した子は、よく金をせびられていたようだよ」

当然、人を殺すわけだからそれなりに追い詰められていたのだろう。でもどうして殺さなくてはならなかったのだろう。そんなことを考えているうちに現場に到着した。すでにあたりは暗くなっていた。

二股に分かれた路地の左側の道が、警察の規制線でふさがれていた。勝手に立ち入るわけにもいかないし、規制線で封鎖された路地を撮影して、取りあえずその日は宿に入った。

翌日から本格的な取材が始まった。しかし、いつもの事件取材とは違う事情が発生していた。その前日、つまり私たちが新幹線でこの地に向かっている最中に、全国民を震撼《しんかん》させる大事件が、別の地域で発生したのだ。取材陣は、みなそちらへと行ってしまった。この、後輩が先輩をバットで殴り殺したという小さな町の事件を取材しているのは、私たちと地元紙、あとは通信社の記者が一人だと聞いた。テレビクルーはほかにいない。

大勢の取材陣が押し寄せてくる事件取材では、記者同士で情報交換もでき、他社の直撃取材に便乗してカメラやマイクを向けることもできる。でも今回は実質的に、私たちと事件関係者の一対一という構図だ。逃げ場がない。頼れるものもない。どうしよう。

殺害した中学三年生の少年は、先輩の遺体を黒いゴミ袋に入れて、家のすぐ近くの電柱脇に放置していたという。まずはその現場へ行くことにした。

借り上げたタクシーで前日に行った二股の路地に行ってみると、規制線は外されていた。二股の左の路地へと私たちは徒歩で進んだ。

「路地の入り口から○軒目が、殺害現場となった、殺した少年の家だよ」

タクシードライバーからそう聞いていた。私は家の数を数えながら路地を進んだ。小さな一軒家が並ぶ路地で、その家はすぐにわかった。さらに近づくと、縁側でおばあさんがぼーっと遠くを見るように、一人たたずんでいた。

「殺した少年のおばあさんだ」

すぐにわかった。周囲には取材陣も、近所の人も誰もいない。話を聞いてみよう。すぐにそう思った。が、すぐに目をそらしてしまった。私のほうが。

自分の孫が人を殺した。しかも自宅で。

そんなまさかの事態、その渦中にいるおばあさんの気持ちを想像すると、とても声なんかかけられなかった。しかしよく見るワイドショーでは、各社争うように突撃取材をしている。私はテレビマン失格だ。心からそう思った。ほかにライバル社もいない絶好のチャンスで、スクープを自ら放棄したのだ。

加害者の自宅のすぐ先に、遺体が放置されていた電柱があった。住宅街を抜け、あたりに畑が広がるその場所でそれらしい電柱はほかになく、すぐにわかった。加害少年は遺体を黒いゴミ袋に詰め、一輪車でここまで運び放置したという。カメラマンが現場の撮影を始める。十分か十五分か。その間、私はとにかく焦っていた。やっぱりすぐに戻って、あのおばあさんに話を聞かなければと。

遺体遺棄現場の撮影を終えて、先ほどの加害少年の自宅へカメラマンたちと向かった。もう縁側におばあさんの姿はなかった。でも何かしなければ。何かコメントをもらわなければ。インターホンを押さねば。でも何を聞く？　「どういうお気持ちですか」なんて聞くのか？　バカいうな。頭は高速で回転するのだが、完全に動転して空回りばかりを続ける。なんとかしなくちゃ。何かをしなくちゃ。そんな自分勝手な思いだけで、勢いでインターホンを押してしまった。

ピンポーン。

三十秒ほど待っただろうか。幸いなことに、本当に幸いなことに返事がなかった。もう一度押す勇気はなかった。安堵《あんど》したと同時に、猛烈な自己嫌悪の感情が襲ってきた。マスコミがインターホンを押したことを、家族はわかっていただろう。それを家の中で息を殺してじっとしていたのだ。なんということをしたんだ俺は。悪魔に魂を売るとはこういうことだ。そう思い、私は深く深く落ち込んだ。

その後は形ばかりの取材をこなした。周囲の家々を訪ね「加害少年はどういう子どもでしたか」などと聞くのだ。どんな話が聞けたかはまったく覚えていない。自分でも、番組でこんなインタビュー使えないだろうなと思いながら、仕方なく、嫌々聞いていた。学校にも行って取材を断られ、下校時間に生徒たちにも話を聞いたが何も得られない。取りあえず東京のプロデューサーに電話をかけた。何も取材できていません、と。

東京は東京で忙しく取材班が動いていて、こちらの取材にはあまり興味がなさそうだった。しかし最後に一言いわれた。

「葬式のときに祭壇、遺影を撮ってこい。そしてできたら被害者遺族のコメントをとって来てくれ」

無茶言うなぁ。

カメラマンも同意してくれた。しかし私には、加害者家族のコメントをとれなかったという負い目が重くのしかかっていた。なんとかしなければ。その思いは正義でも、報道の自由でもなんでもない。自分勝手なわがままでしかない。

その翌日、夕刻からお通夜が行われることになっていた。もしかしたら、外から望遠レンズで祭壇を撮ることくらいできるかもしれない。またしてもそんな自分勝手なことを考えながら、早めに斎場に向かった。

ダメだ。斎場があるホールは思ったより大きく、入り口を入って、その中に斎場がいくつかあるようだった。外から望遠レンズで撮ることはできない。中に入らないといけない。そうなると黙って隠し撮りをするようなこともできない。どうしよう……。

そのとき突然頭にひらめくものがあり、覚悟を決めた。ここは正直に行こう。正面切ってお願いしてみよう、と。

突然出張を命じられたので、私はジーパンにTシャツ姿だった。急いで近くのスーパーに行き、安いジャケットを買った。そして斎場に戻ると、通夜の一時間ほど前だった。

私とカメラマンの二人で、カメラも手帳も置いて、手ぶらでホールの中に入った。開き直っていたのかもしれない。でも、加害少年宅での私自身の傲慢な振る舞いで、私の胸の内にこびりついた嫌な気持ち。それと同じことだけは繰り返すまいと決心していた。

受付には男性二人が立っていた。たぶん被害少年の父親とお兄さんだろうと思った。そして実際そうだった。

「今回の事件で東京から取材に来ました。お焼香させていただけないでしょうか」

父親が戸惑いながらも、優しい返事を返してくれた。

「どうぞ。焼香してやってください」

カメラマンと私は斎場へと案内され、二人で焼香した。小さな斎場には、親族らしき人が数人いるだけだった。

斎場を出て受付まで戻った。父親とお兄さんに再び声をかけた。

「スポーツ新聞などでは『金をせびって殺された』と書かれていますが、本当はどういうお子さんだったのですか」

すると父親は驚いたような表情を浮かべ、一気に話し出した。

「そんなことはない。あの日は祭りのある日で、出かける前に小遣いも渡していた。金なんかせびるはずがない。なんでそんなことを書かれるのか」

そこまで一気に話したあと、意外なことを父親は口にした。

「私たち家族の話を聞いてくれたマスコミはあなたたちが初めてです」

目を丸くして、とても意外なことのように思っているようだった。

それから私は静かにお願いしてみた。

「いまのようなお話を、テレビカメラの前で伺わせていただけないでしょうか」

「べつにいいよな。俺たちなにも悪いことしてないもんな」

父子はそう言ってインタビュー取材に応じてくれることになった。カメラマンがカメラを持って音声マンと一緒に戻ってくるまで、父親に控室のようなところに案内された。

「一方的なんですよ、僕らの話も聞かずに。まるでうちの息子がひどい悪人のようにいわれている。それが我慢ならない」

もっともだ。事実はともかく、周辺取材だけで記事化するのはどうなんだろう。加害少年宅での傲慢な自分自身の振る舞いも忘れて、私はそんなことを思っていた。

カメラがセットされ、マイクも準備できたところでインタビューが始まった。父親は、報道と事実は違うということを強調した。そして最後にはこう語ってくれた。

「もうこんな事件は二度と起きてほしくない」

自分の息子が殺され、マスコミ報道にも怒りを覚えていたはずの父親が、最後は事件を俯瞰して、殺すのも殺されるのももうごめんだ、と言ってくれたのだ。

インタビューが終わり、控室を出たところに斎場の入り口があった。そこで父親にお願いしてみた。

「息子さんをご紹介するカットとして祭壇を撮らせていただけませんか。ここからで結構です、中には入りません。参列者は写しません」

「少しの時間なら」

父親はそう許しをくれた。

その斎場での取材を最後に、われわれスタッフは上りの新幹線に乗り込んだ。

「葬式で遺影を撮ってこい」

それはいくらなんでも傲慢じゃないか、私はそう思った。その直前に加害少年宅での取材で自己嫌悪に苛《さいな》まれていたので、そのときは特にそう強く思った。

でも心を通じ合わせることもできるのだ。加害少年宅のインターホンを押したとき、私は、なにがなんでもすごいコメントを取って帰らないとと焦っていた。強く拳を握って力んでいた。まさにこっちの事情でしかなかった。でも被害少年の家族に対峙したときは少し違っていた。なにが違っていたのだろうか。それはたぶん、握っていた拳を開いてこちらの手の内を見せられたことではないか。そう思う。

正直、こんな取材無理に決まっている。ダメならダメでいいや、そう思っていた。だからなのか、相手の目を見てお願いすることができたのだ。もちろんいろいろな幸運も味方してくれた。他社の取材がまったくなかったこともそうだ。被害少年の遺族の心根が優しかったことも大きいと思う。

それはそうと、私は帰りの新幹線の中で嬉しい気持ちに浸っていた。実は被害者遺族を取材したあと、ホールを出るとき、お父さんとお兄さんが深々と頭を下げてこう言ってくれたのだ。

「ありがとうございました」

私たちにだ。

なんということか。マスコミが感謝される？　被害者遺族に？

「マスコミはいつも土足で踏み荒らす」とよく非難される。今回の斎場での取材は、私は少なくとも靴を脱いでから遺族の前に立ったように思う。いや、立てたように思う。

加害少年宅での、自分でも一生忘れられない嫌悪の念を抱いた取材経験があったからかもしれない。そういう意味では、加害少年の家族には大きな苦痛を与えてしまった。詫びる言葉もない。

あれからかなりの歳月が流れた。反省点はある、もちろん。反省のない取材は、これまで一度も経験していないかもしれない。でも私自身を大きく成長させてくれた取材経験であったことは事実だ。

顔を紅潮させ「私たち家族の話を聞いてくれたマスコミはあなたたちが初めてです」、そう言ってくれた父子。私たち取材スタッフに頭を下げて「ありがとうございました」と言ってくれた父子。いまはどうしているのだろうか。そしてあの、縁側でぼーっと遠くを眺めていた加害少年のおばあさん。一生忘れられない光景だ。

冬の旭川

二〇一七年のクリスマスの日、私はほかのスタッフ二名とともに北海道の旭川空港に降り立った。五十二歳のときだ。これから年をまたいで三週間ほどをこのメンバーと一緒に過ごす。救命救急の現場を特集する特別番組で、旭川赤十字病院のドクターヘリの活躍を取材させてもらうのだ。空港から旭川市内までは一面の銀世界。病院の取材ということで少し緊張もしていた。苦しんでいる人を見るのは苦手だ。ワクワク感よりも、不安な気持ちが心の中を大きく支配していた。

ドクターヘリとは、救急専用の医療機器を装備したヘリコプターのこと。そこにドクターが乗って現場に急行する。渋滞した都心を救急車で搬送するより、はるかに早く患者さんを病院まで運べる。特に、大きな病院がない過疎地域や島しょ部、また山や谷で交通インフラが整っていない地域でも活躍している。

旭川のドクターヘリは、たった一機で道北エリアすべてをカバーしていた。われわれの取材中も、礼文島にまで飛んで行った。広い広い北海道では、頼りになる存在がドクターヘリである。

旭川に着いた翌日から、早速撮影開始。ドクターヘリの基地は病院から車で二十分ほど離れたところにある。そして病院の屋上にはヘリポートがあり、救命救急医たちが待ち構えている。

私は病院での「受け」の取材を担当することになった。ほかの二名がドクターヘリの基地に待機して、出動命令が出たらドクターと一緒にヘリに乗り込んで現場に飛んで行く。三名それぞれが小型カメラを持っている。

この仕事の最大の問題は、患者さんに取材許可をもらうことだった。少なくとも私はそう思っていた。意識のある患者さんには直接本人に聞くが、患者さんの意識がない場合は、その家族に許可をもらうことになる。

あるとき、スキージャンプの練習中にバランスを崩して落下し、両手両足を複雑骨折して、ドクターヘリで運ばれてきた患者さんがいた。病院の屋上にあるヘリポートから、一階の救命救急室までエレベーターで移動する。患者さんを乗せたストレッチャーのほかに、医師や看護師など大勢が乗り込むエレベーターに私も滑り込ませてもらった。そして、いましかないと思って声をかけた。

「テレビ局の者です。ドクターヘリの取材をさせてもらっています。ドクターたちの仕事を中心に撮影させてもらいますが、患者さんも写ってしまうことがあります。お顔や名前は出しません。ご了解いただけないでしょうか」

エレベーターに乗っている短い時間だ。要点だけを伝えた。

「ええ、私は構いませんけど」

その患者さんは、そう言ってくれた。正直ほっとした。しかし患者さんの腕は、あらぬ方向にねじ曲がっていた。

患者さん自身がこんな状況なのに、よく冷静に、そして優しく対応してくれたなと感心するとともに、本当に頭が下がった。「ふざけるな！」と怒鳴られても仕方がない場面だ。私が逆の立場だったら、こんなに冷静に、協力的になれるだろうか。そして、そんな疑問を抱いておきながら、よくもまぁ厚かましくお願いできるものだなと、自分に少々嫌気もさした。

年が明けてしばらくした頃、三十歳くらいの児玉萌先生という女医さんが、病院のドクターヘリ当番を担当することになった。ヘリが飛んだと連絡がきたら、病院内にある司令室のようなところに向かい、現場の医師と連絡を取り合う。病院に運ばれてきたときに、迅速かつ効果的に対応できるよう、現場と連携をとっている。そこには無線の音声だけでなく、現場の医師が持つカメラから映像情報も送られてくる仕組みになっていた。

その日の午後、ドクターヘリが飛んだ。農作業中のおばあさんが脳内出血で倒れ、意識不明だという。現場からは血圧二〇〇などという、素人の私が聞いてもびっくりするような情報が入ってくる。

そしてそのとき、一つの大きな問題があった。日没時刻だ。冬の北海道である。日没は早い。そしてドクターヘリは、日没時刻を過ぎると、照明施設のある場所からしか患者さんを乗せて離発着できなくなるという。その日没時刻ギリギリだったのだ。

その現場から病院までは、ヘリだと十分程度で来られるが、救急車だと三十分以上かかってしまう。一刻を争う事態だ、なんとかヘリに乗せたい。分単位、いや秒単位の争いだ。児玉先生は両手を合わせて「お願い」とつぶやく。そして現場から「離陸」という情報が無線で入ったときは、日没時刻まで一分を切っていた。

テレビ的にはドラマチックなシーンだった。その患者さんが病院のヘリポートに到着すると、児玉先生も駆けつけＣＴなどの検査に回った。ＣＴで脳の断層画像がリアルタイムでモニターに映し出される。

「これは厳しいな」

あるベテラン医師はそうつぶやいた。それくらい深刻な状況だということがわかった。

即刻手術という判断が下された。家族に電話で連絡を取り、手術の了解を得てすぐに手術室に直行した。児玉先生も麻酔の担当として手術に参加する。

なんとか一命は取り留めた。しかしここからが大問題だった。いや医療的な問題ではなく、取材させてもらった私たちテレビクルーにとっての大問題が残っていたのだ。

この患者さんの搬送シーンは、ドクターヘリの重要性をアピールするには絶好のものだ。放送で使わせてもらう可能性も大きい。この日は応援に駆けつけてくれた仲間が手術室にまで入り、ことの一部始終を撮影していた。患者さんの家族に「ダメだ」と言われれば、すべてが台なしになる。もちろん取材する側の理屈だ。でもこのハードルを越えないといけない。今回も私が家族にお願いに行くことになった。

病院のスタッフに、家族が待機している部屋に案内してもらった。患者さんの兄弟姉妹や親戚だろう、五、六名が狭い待合室で、落ち着かない様子で肩を寄せ合っていた。

「大変なときに申し訳ありません」

そう声をかけると、みな立ち上がった。ドクターヘリを取材している、患者さんが運ばれてきて治療を受けるまでの一連を撮影させてもらった、患者さんの顔や名前は出さない、放送させていただく可能性があるが、どうかご了解をいただきたい。そんなことをお願いした。

みな押し黙っている。私も背中にじっとりと汗をかく。

「ご迷惑はおかけしません。どうかご了解ください」

そう言うと、部屋の出口の一番近くに立っていた男性が言葉を発してくれた。

「ああ、はい……」

「ありがとうございます。大変なときに申し訳ありませんでした。お大事になさってください。失礼します」

そう言って、男性に名刺を渡し、目を伏せたまま、逃げるようにその場から失礼した。

患者さんの家族にとっては、テレビの撮影どころではなかっただろう。テレビクルーの都合なんか関係ない。自分の姉妹、親戚が生きるか死ぬかという状況だ。毎度毎度ありがたく思い、毎度毎度みなの懐の深さに驚かされる。

実はこの患者さん、病院に運ばれたときは命さえ危ない、意識が戻ることはないのではないかと言われていた。だがしかし、奇跡が起こった。

この番組を放送した一カ月くらいあとに、会社に一本の電話がかかってきた。あのおばあさんの妹さんからだった。私の名刺を見て電話をくれたのだ。

聞くと、あのあと奇跡的に意識が戻って、現在は車椅子に乗ってリハビリに通えるまでに回復したとのこと。ヘリコプターがなかったらもうダメでしたと、ヘリコプターのおかげと何度も繰り返す。

「あのとき取材のご了解をくださり放送できたので、多くの人々がドクターヘリの意義を理解してくれたと思います。みなさまのおかげです」

私もそう答えた。

ドクターヘリの大切さや存在意義については十分視聴者に伝えられたと私も思っていた。でも、あのとき私が「お願いします」と頭を下げたのは「これが放送できないと私たちが困ったことになる」という思いからだけだったのではないか。妹さんは私たちに感謝してくれている。恐縮しながら、私も礼を述べる。

「気持ちだけですけど、ジンギスカンを送らせてください」

そんなことを妹さんは言った。

「いえいえ、お礼をしなければならないのはこちらのほうです」。

そんなやり取りが何度か繰り返された後、押し切られるような形で返答した。

「ではありがたく頂戴します」

あの患者さんが意識を回復し、リハビリを始めるまで元気になったことは私も素直に嬉しかった。でもそれ以上に、あんな切羽詰まった現場で無理なお願いをしたことを許してくれたことに心打たれた。取材先と気持ちが通じたときが、私は一番幸せな気持ちになる。

「もう二度と顔を合わせるわけじゃないんだから、放っておけばいい」

そういう仲間もいる。でも私は、どうしてもそんな気持ちになれない。取材先で出会った人と、できれば生涯付き合いたいと思う。それはそれで面倒くさい性格だなと、ひとり苦笑した。


旭川赤十字病院では、救命救急医に密着していたので、救命救急室にいる時間も結構長かった。真冬の旭川である。雪下ろしの作業中に屋根から落ちた人も多かった。しかし圧倒的に多かったのは心肺停止状態で、心臓マッサージをしながら運ばれてくる患者さんたちだった。あくまでも印象ではあるが、次々に運ばれてきては、次々に亡くなっていくという状況だった。亡くなった患者さんの家族が呼び込まれ、遺体と対面する。号泣する家族もいれば、医師の説明を淡々と受け入れる家族もいた。

こういうと大げさに聞こえるかもしれないが、私の死生観にも少なからぬ影響を与えた。

「いつ死んでもいい状態でいる」

これは先述したツバルのコーディネーター、ナツさんの言葉だが、まさにそうあるべきだと強く思った。人間はいつ何で死ぬかわからない。いつ死んでも悔いが残らないように生きていきたい。でも、それが難しいのだ。

冬の旭川。忘れられない土地になった。

商品価値

ここまで読んで気がついた読者もいるかもしれない。私にはディレクターとしてのキャリアに、大きなブランクがある。四十代のおよそ十年間だ。その間なにをしていたのか。プロデューサーという立場になっていたのだ。

ディレクターというのは、いってみれば「現場監督」。それぞれの番組を受け持ち、現場に赴き取材し、ロケをし、構成し、編集し、ナレーション原稿も書く。

プロデューサーは、その現場監督を複数抱えて予算や番組の質を管理するという役目。大ざっぱにいうとこういう違いがある。

正直、私はプロデューサー失格だった。番組はディレクターのものだと思っていて、ほかのディレクターが作った番組に感情移入ができなかった。製作費を抑えて利益を多く出すということにもまったく関心が持てず私の士気も下がり、何もできなかった。明らかにプロデューサーには向いていない。いや「向いていない」というのは逃げ口上で、まったくやる気になれなかった。複数の番組や複数のメンバーをまとめる能力が、私にはなかったのだ。

気心も知れて、いつも頑張ってくれるフリーランスのディレクターや構成作家には多めにギャラを支払い、編集所の営業担当者にも編集費を「このくらいでお願いしますよ〜」と言われると、ほとんどすべて「いいですよ、わかりました」と答える始末。現場や孫請けへの支払いを絞って利益を出すなんていう発想が、まずなかった。クオリティコントロールという意味でも、自分が強く関心を持った番組以外、ほとんど身が入らなかった。

あるテレビ局の番組では、ディレクターからこんな相談を受けた。

「スタジオで再現セットを組むのに五百万円かかるのですが……」

私はほぼ即答で「いいよ」と答えた。原価率は高くなるが、一カ月のトータルで見たら赤字にはならない。現場をできるだけ尊重したいという気持ちもあった。

しかし結局はテレビ局からストップがかかった。

「うちのテレビ局の番組で、一つの再現シーンに五百万円も使ったということが流布されたら困る」

そういうのだ。

一事が万事、こんな調子である。

プロデューサー失格どころか、社会人失格だ。そんな態度の私のことは、当時付き合っていたテレビ局のプロデューサーたちはみな知っていた。私に対して、まともに番組について話しかけてくるテレビ局のプロデューサーは皆無といってよかった。当然、会社の評価も低かった。

「ディレクターに戻してほしい」

機会あるたびに、年下の上司にお願いしていた。

「う〜ん、ミヤザワさんはもうそういう年齢じゃないから」

渋い顔をされ続けた。

しかしあるとき、私の思いを拾ってくれた後輩プロデューサーがいたのだ。十歳ほど年下のプロデューサーだった。

「ミヤザワさんのディレクターをやりたいという思い、引き受けましたよ。テレビ局のプロデューサーにも、今度五十過ぎのディレクターを加えるということで了解をもらっていますから」

平成も終わりが見えてきた頃に、ディレクターに戻ることができた。また現場に出られる。工夫して撮影し、それを構成し編集する。ものづくりの現場が、私は大好きだ。

どういう気紛れかは知らないが、その十歳年下のプロデューサーに感謝した。

復帰最初の仕事は、繁華街に赴いて老若男女いろんな人に声をかけ、そのまま密着取材をさせてくれる人を探すというものだった。いろいろな人に声をかけ無視されることも多かったが、立ち止まって会話が成立したときはやはり達成感に満たされた。駆け出しの頃を思い出した。

その番組スタッフは、ほかのプロダクションでは二十代のディレクターもいるほどみな若かった。ベテランもいたが、ずっと現場でディレクターとして鳴らしてきたつわものだらけだった。正直私は気おくれした。

五十過ぎの頭のハゲたおっさんがカメラを持って若い女性に声をかけても、相手にされるのだろうか。

いや、それが意外と相手にしてもらえたのだ。私は、報道番組でもバラエティー番組でも情報番組でもなんでも、「取材をさせてもらっている」のだと考えている。丁寧にこちらの意図を説明し、話を聞かせてもらった。

「これAVじゃないですよね？」

中にはこう聞いてくる人もいた。ハゲオヤジにはそんな印象があるのだろうか。でも毎回現場はワクワクする。そこで起こる想定外のハプニングを、私自身も楽しんでいた。

ブランクは約十年。年もとったし腕も落ちた。いや、もともと腕なんてなかったのかもしれない。編集してプロデューサーにチェックしてもらう「試写」という場では、毎回ボロボロだった。毎回毎回ほぼすべてにダメ出しをされる。それでもロケには毎回毎回、張り切って飛び出していった。現場に出ると、私はいつもワクワクした。

サラリーマンとしてはわがままもわがまま、最低だ。しかしこの年になってもまだ、駆け出しの頃のドキドキ感が忘れられない。人との出会い。初めての場所。初めて聞く驚きの話。

しかし若かったときのようには活躍できない。やり方ももう古いのかもしれない。若手と一緒に現場に出るのは楽しいし生きている実感を伴う。でも自分の実力をわきまえなくてはならない。親しい後輩に「ミヤザワさん、こんな編集はないでしょう」と、真顔で突っ込まれることもあった。自分のいまの商品価値をわきまえ、現場と付き合っていけたらと、いまでもしつこく思っている。

シーン4

取材対象は人生

原爆をめぐって

ＡＤ時代に電話をして話を聞かせてもらっていたところのひとつに「ひらがなタイムズ」という、外国人向けの雑誌があった。その編集長から「こんなことをやるのですが、取材しませんか」という電話をもらった。一九九五年の八月六日、広島に原爆が落とされたその日に、在日外国人たちが広島で一般客を迎え入れて、被爆者の手記を朗読する朗読劇を行うというのだ。

何度かのやり取りの結果、取材させてもらうことになった。二十九歳のときだった。

初めてカメラマンと一緒に取材に訪れたのは、東京都内の公民館のようなところだった。朗読劇をどう構成するか、みなで話し合っていた。朗読劇に参加するのは、日本で暮らす外国人八名。留学生や主婦、サラリーマン、国は中国、韓国、バングラデシュ、フィリピン、ドイツ、アメリカなど八カ国から日本にやって来た、ごくごく普通の人たちだった。

そこで衝撃的な発言が飛び出した。中国から来日して商社に勤める三十三歳の男性、馬（ま）さん。彼がこう言ったのだ。

「広島に落ちた爆弾は素晴らしい爆弾だった」

「日本帝国主義による植民地支配からわれわれを解放してくれたのだから」

「アジア人にとっては非常に大切なことなんです。一番大事なところなんです」

馬さんは原爆の悲劇も理解した上で、そういう事実も日本人に知ってもらいたいと主張した。


その後も朗読劇の参加者たちは、被爆者の話を聞いたり、広島を記録したビデオを見たりして学習し、理解を深めていった。

あるとき朗読劇の参加メンバーは、大学で教鞭《きょうべん》をとるY先生に話を聞かせてもらった。Y先生は長崎で被爆し、五十人を超える学友を一瞬でなくしたという、つらい経験をしていた。

ここでも「広島に落ちた爆弾は素晴らしい爆弾だった」という部分が問題になった。ほかの朗読劇の参加者からも意見が出た。

「それは言わなければならないと思う」

「この劇の意味は『反原爆』だけじゃなく『反戦』という意味もあるのだから」

しかしY先生は、

「未来において原爆を正当化する道を残すことにつながるから認められない」

議論は平行線をたどった。

「Y先生の気持ちも理解できる。つらい体験をしているから。ただわれわれの気持ちも理解してほしい。両方の意見があって、この劇はもっと深い意味を持つのです」

馬さんの気持ちから朗読劇は大きく動き出した。原爆だけではなく、ドイツによるユダヤ人虐殺の要素も入れようという意見も上がり、戦争そのものの狂気を浮き彫りにするようなものへと変わっていった。

番組は、朗読劇が行われる当日夕方に放送するため、私は東京に戻り、朗読劇を観ることができなかった。しかし後日、手応えを感じたと、馬さんが話してくれた。

都内の団地の五階に住む馬さん。実は商社マンと、もう一つ別の顔があった。中国の十四の都市で放送されているラジオ番組でDJを務めていたのだ。

「東京音楽通信」。日本のヒット曲に乗せて、日本の文化や習慣を紹介する番組だ。毎週都内の団地でテープに録音しては、それを中国のラジオ局に送っていた。

馬さんが言う。

「中国にいたとき、日本は電化製品の国、車の国だと思っていた。新聞を見ると政治的発言、教科書問題、そんなことばかりが取り上げられていた。日本人はみなそう思ってるんじゃないかと思っていました。新聞だけ見ていると中国人はそう思う。誤解をときたい。自分ひとりでもいいから頑張らなければいけないと思っています」

中国のリスナーから、たくさんのファンレターが日本に暮らす馬さんのもとに届く。ある高校生からの手紙には、こんなことが書かれていた。

「僕はいままで、日本や日本人を憎んでいました。でもこの番組を聞いて、日本や日本人に対する印象が変わりました。日本の音楽や文化にも関心を持ち始めました」

この手紙を読んで、改めてコミュニケーションの大切さを学んだと、馬さんは言った。

「この朗読劇でわれわれが言いたいことは『世界のどこででも戦争を二度としない』ということ。それが強く言いたいこと」

馬さんは力を込めて話してくれた。

このラジオ番組はスポンサーもなく、馬さんの個人的な持ち出しで作られていた。給料から製作費を捻出するため、私たちが取材させてもらう二カ月前には奥さんと生まれたばかりの子どもを中国に帰していた。

そこまでして日中のわだかまりを解消しようと努力している馬さん。

朗読劇本番の前日に広島に入ったキャストたち。もちろん馬さんの姿もその中にあった。馬さんが広島を訪れるのはこのときが初めて。セミがミンミンと鳴いている。

「初めて原爆ドームを見て、中国人とか日本人とかではなく『人間としての悲しみ』を感じている」

そう語っていた馬さん。

現在は北京で暮らしている。取材後もときどき電話で話したり、馬さんが東京に来たときは一緒に食事をしたりもしていた。最近のことを聞きたくて、久しぶりに私は馬さんの携帯に電話をかけた。

馬さんはいま、中国国内で上映する映画やテレビ番組を作る会社に、社長顧問として勤めている。上場企業で給料もいいという。「それでも」と馬さんは語る。

「私は二十年間日本にいました。どうしても日中友好の仕事がしたい。いまの仕事をしながらも、日中の音楽交流事業などの準備も進めてきました。そして東京オリンピックが開催される今年（二〇二〇年）、中国と日本で大きなイベントをセッティングしていたんです。でも新型コロナ騒動ですべてがパーになってしまいました」

そう語りながらも、馬さんに落ち込んだ様子はまったくなかった。

「いまは日本に行くのを待っている状態です。北京から日本へ飛ぶ飛行機が運航再開するのを待っています」

そう、声を弾ませる。

われわれの取材の直前に、ラジオ番組を続けるお金を捻出するために帰国させた娘さんは、その後日本の大学を出て、現在は中国の巨大企業「テンセント」に勤めているという。

その後生まれた長男は、アメリカの高校を卒業して、現在は東京の大学に留学中とのこと。

「東京でまた会いましょう。今度は息子さんも一緒に」

そう言って短い電話を切った。

ライフ・ゴーズ・オン。人生は続くのだ。馬さんと私の付き合いも、これからも続いていく。

ホームレスの矜持

オウム真理教を取材した年の十一月に、ホームレスの人々を取材した。ちょうど三十歳になるときだった。

東京・新宿駅の西口には、都庁方面に続く、屋根のついた長い通りがある。その端っこの壁沿いに、ダンボールで作った箱型住居、ダンボールハウスがずらりと並んでいた。東京都は強制撤去をチラつかせ、ホームレス側は支援者たちに支えられてささやかな抵抗を行っていた。支援者というのは、いわゆる左翼系の活動家の人たちだ。彼らは本当に親身になって世話を焼いていた。行政の手だけではフォローし切れていないのは明らかだった。

いろいろなホームレスに話を聞いた。ダンボールハウスの中に招き入れてくれるような関係にまで発展した人も少なくなかった。ダンボールハウスの中は、それこそオウム真理教の青山総本部と同じ、あるいはそれ以上に靴下臭かった。むせ込んでしまったこともある。でも慣れてしまうと落ち着いた空間に思えてくる、なんとも不思議な箱の中だった。

印象としては、いつも「食」があったように思う。週に何回かは宗教団体が、早朝におにぎりを配っていた。

「あんたあのおにぎり食べたことあるかい？　塩っけものりも何もない、冷たくなったおにぎりなんて食べられたもんじゃないよ」

そう教えてくれたホームレスもいた。

またあるときは、ヤスさんとみなに呼ばれる、いつも笑顔の絶えない好々爺《こうこうや》といった感じのホームレスが大きな鍋で、携帯コンロを使って煮込みを作っていた。あんたも食べなよと言われて一杯いただいたが、これがめちゃくちゃ塩っ辛い。しかしそうともいえず、飲み込んで礼を言ったら「じゃあもう一杯いいよ」と勧められ、二杯目もいただく羽目になった。


最初にいろいろと詳しく話を聞かせてもらったのはTさんという五十歳くらいの男性ホームレスだった。ホームレスに声をかけるときは「先輩」と声をかけるんだと、それこそ先輩取材記者に教わった。

「先輩はいつ頃からここにいるんですか？」

一人のホームレスが路上で亡くなった東京北部のある駅まで、支援者に電車賃を出してもらって十人ほどで手を合わせに行くというときに、ホームへ向かいながらメンバーの一人にそう声をかけた。Tさんに声をかけたのはたまたま近くにいたというだけで、それ以上の理由はない。どういう反応が返ってくるかちょっと構えていたが、普通にコミュニケーションが取れる普通の人だった。

「路上暮らしをするようになって、もう二年になるかな。新宿に来たのは半年前くらいだよ」

そう、教えてくれた。

聞くと、飯場に住み込んで建築作業員として暮らしていたとのこと。飯場から飯場を渡り歩いていたという。そしてあるとき交通事故にあって、右足のスネを複雑骨折してしまった。腰の骨を移植するなど、合計九回も手術をする羽目になったと、右足の傷跡を見せてくれた。しかし退院したら、建築作業員としては働けず、それで当然のように飯場にもいられなくなり、野宿を繰り返してきたそうだ。

ひとごとじゃないなと思った。突然の交通事故なんて、誰にでも起こりうる災難だ。ちょっとしたきっかけで、それまで真面目に働いていたのに住むところを奪われる。

Tさんは、話をするとき相手の目をじっと見つめる人だった。私と話すときも、目をじっとのぞかれる。やましいことは何もしていないのに、普通に暮らしているというだけで、やましい気持ちになってしまう。そういう意味では、なんともつらい取材だった。

　初めてダンボールハウスに入れてくれたのもTさんだった。中は意外と整理整頓されていて不潔な印象はまったくといっていいほどなかった。ただ靴下の匂いだけが強烈だった。いろんな話を聞かせてくれたが、

「いっぺんダンボールで寝てみな。下がコンクリートだから体が芯から冷えてしまうんだよ。慣れないと寝られないよ」

　この話が、路上暮らしのつらさとして特に心に残った。

　当時は東京都の強制撤去がいつ行われるかということで、テレビ、新聞、ラジオまで各社が取材に押し寄せていた。そういう記者たちの立ち話を耳にすると、ときどきこんな話が聞こえてきた。

「俺は三晩ダンボールで寝てみたけど大変だぜ」

「俺なんか一週間だよ。こたえたよ」

　正直私も、一晩くらいダンボールハウスで泊まってみようかと思っていたのだが、彼らの自慢話めいた口調に、そんな考えは吹き飛んだ。私たちは一週間でも一カ月でも平気で路上暮らしを体験できるさ。だって帰る家があるんだから。阪神・淡路大震

災のときと同じだ。何日風呂に入れまいが、家に帰れば熱い風呂に入れて、暖かなベッドで寝られる。一〜二週間ダンボールハウスに体験宿泊をしただけでホームレスの人たちの気持ちを理解できるわけがない。自分もそんな浅はかなことを考えていたことを、心底恥ずかしく思った。

とりあえずTさんに了解をもらってからカメラを回し始めた。小型カメラで一人で取材に行くことが多かった。ホームレスといってもいろいろな人がいる。当時は新宿だけで数百人ものホームレスがいるといわれていたのだ。トラブルはできるだけ避けたい。

あるときTさんが夜の食事を確保しに行く現場を撮らせてくれるという。深夜0時を過ぎた頃、地下通路から地上へ出て代々木方向へ歩き出した。いつも回るコースは決まっているという。まずは閉店後の居酒屋でビールを調達する。お店の横にはビールケースが山と積まれていた。その中のビール瓶を一本一本確認していく。そうするとたまに中身が少し残ったままの瓶もあるのだ。それらを五百ミリリットルのペットボトルに器用に移していく。店の灯りも消え、周囲にも街灯はなく、暗がりで三十分以上、一時間近くかかっただろうか。積んであるビール瓶すべてを確認して、集まったのはペットボトル一本半。

「今日は少ないね」

そう言って次の現場に向かった。

次の現場は、住宅街にある閉店後のファストフード店だった。ここにはTさん以外にも、何人かのホームレス仲間が集まっていた。いつものメンバーが全員集まるまで待っているのだ。取材の許可を聞いたが、Tさん以外はみなが「やめてくれ」と言うので撮影は諦めた。少し離れたところで待っていた。店の前、電柱の下に出された大きなゴミ袋をひとつひとつ開封してあさっていく。しばらく待っているとTさんが戻って来た。手ぶらだった。今日は収穫なしとのこと。無理すれば食べられるものもなくはなかったが、最近はタバコの吸い殻なども一緒に捨てられていて食べられるものが少ないという。

現場はきれいに元通りになっていた。

「きちんと片付けて迷惑をかけない。分けるのはみなで均等に」

こういうルールが彼らの中にはあるという。結局この日の晩の収穫はビールがペットボトルに一本半だけ。それを仲間と分け合って飢えをしのぐという。

食料探しからの帰り道、深夜まで開いている店の前にクリスマスツリーが飾られていた。私は先回りして、クリスマスツリー越しにTさんが夜の街を一人歩くショットを撮影した。浮かれた街の様子と、厳しい現実を生きるホームレスとの対比を試みたのだが、そんなことも自分勝手なことでしかないと思ってしまう。

彼らの置かれた厳しい現実に比べたら、ほんのいっとき彼らの世界を垣間見せてもらう私たちの仕事は一体なんなのだろうかと考えてしまった。もちろん「こういう現実がある、不条理なことが起こっている」と、多くの人々に知らせ、できれば政治や行政に働きかけるくらいの力になりたいと思ってやっている。でも何か恥ずかしいことをしているような罪悪感に駆られてしまった。いや本当に何度も思うことだったが、私はやっぱりテレビマン失格なのかもしれない。

もう一人、この取材で忘れられない人がいる。Fさんという「元」ホームレスの男性。当時六十七歳だった。この男性も長く路上で暮らしていたが、支援者たちの助けもあって生活保護を受け、西新宿の四畳半一間の小さなアパートに暮らしていた。裸電球一つ。もちろん風呂なしでトイレは共同。エアコンもない。エアコンだけではなかった。こたつ以外本当に何もない。私物もほとんどない。

そんなFさんが、ほぼ唯一といってもいいかもしれない大切なものを見せてくれた。一冊のノートだった。中にはびっしりと歌がつづられていた。路上生活時代に書きとめた歌。心に残るものもいくつかあった。例えば……。

飲み了（お）えし　薬包紙つれづれの臥床（ふしど）にて
鶴折られいるホームレスの悲願

失意の日幾たびありて鱗雲（うろこぐも）
遠く還らぬ我が生涯よ

失職のままにある日々春は未だ遠く孤（ひと）りを
術なく過ごす

老いの身を扶（たす）くるために更生す
ホームレスの靴磨き逞しくあれ

慰めはわずかなれどもうれしくて
孤（ひと）りのわれの今日が始まる

自分の人生を記録する日記として書き始めたとFさんは言う。路上に生きることの厳しさ。人生の後悔。明日どうなるかまったくわからない不安。今晩の食事にありつけるかという心配。それでも生きているのが嬉しいと実感する日々。

Fさんのアパートで取材させてもらっていて、ふと窓ガラスを開けた。すると、その多くがいま路上で暮らしているといわれる日雇いの建築労働者たちが建てた高層ビルが、Fさんを高いところから見下ろしていた。

前出のTさんとは、番組放送後も付き合いが続いた。実は当時はやり始めていたインターネットで、仕事仲間がホームページを作ったのだ。そこに「新宿ホームレス・Tさんの日記」というコーナーを持たせてもらった。Tさんに一冊のノートとボールペンを渡した。さらに使い捨てカメラも託した。そしてわずかばかりの原稿料。これだけで、Tさんに毎日日記をつけてもらった。毎月一回、Tさんのところに回収に行き、ノートの日記を私がパソコンで打ってホームページに載せた。

写真もなかなか迫力のあるものが多かった。警察署長が「見回り」にやって来たときには、そのすぐ横の至近距離からばっちりフラッシュをたいてドアップで撮影されていた。それが署長かどうかはわからないとTさんは言うが、すごく意地悪そうで凶暴そうな顔が、彼らがホームレスの人たちをどう思っているのか雄弁に語っていた。

あるときは「成田闘争に行って来た」と言い出したTさん。支援者たちが、そういう活動もしていて動員されたようだ。活動家たちが大勢集まるど真ん中で、堂々と撮られた写真は迫力があった。そして彼ら「支援者」たちの力で、ホームレスの人たちがある程度まとまって暮らせているのも事実だった。

またあるときは、私がTさんのダンボールハウスに近づくと、Tさんはホームレス仲間と、取材で訪れた記者たちの名刺を何枚も広げて見ていた。主立ったメディアの名刺は、ほぼすべてあった。その日のTさんは機嫌が悪かった。私に当たったわけではない。でも誰かに言いたかったのだろう。

「マスコミの人間は俺たちを飯のタネにしているだけだ」

珍しく大きな声を出した。

一緒にいたホームレス仲間が「まぁまぁ」と取りなしてくれた。しかし私は何も言えなかった。テレビマン失格か。またそんなことを思っていた。

Tさんとの別れは突然やってきた。ある日突然Tさんは、そのダンボールハウスごと消えていたのだ。夏が来る前だったと思う。いつものようにTさんに託していた日記と使い捨てカメラを受け取りに行ったときのことだった。そのときのカメラに何が写っていたのか、いまとなっては永遠にわからない。Tさんともそれっきりになってしまった。

このホームレス取材は、私に普通に生きていくことの難しさと、どんな逆境にいても「昨日より少しはマシに生きたい」と思う人間の本能のようなものを、人はみな持ち合わせているということを教えてくれた。忘れられない風景である。

ノーベル賞を支えた町工場の職人ワザ

「二十世紀を変えた達人」。一九九七年の年末、二十一世紀へのカウントダウンが始まろうとしていた頃に、こんなタイトルの番組に携わった。私は三十二歳になろうとしていた。世の中を一変させるような技術を開発した人たちを「達人」と称し、紹介する番組だった。

その中で、二〇一九年にノーベル化学賞を受賞した吉野彰さんにも取材をさせてもらった。吉野さんは、もちろん「リチウムイオン電池の達人」として紹介した。番組では、リチウムイオン電池の仕組みなどを簡単に紹介したあと、会社の研究室で、最大の苦労話を吉野さんに聞かせてもらった。

吉野さんのインタビューは完璧だった。確か一つも編集しないで、そのままのコメントを使わせてもらったように記憶している。

リチウムイオン電池は、電池ケースから中身が漏れ出すと発火したり爆発したりする危険な側面も持っていた。そこで、つぎはぎのない角形電池ケースを必要としていたのだ。角形にこだわったのは、省スペースを実現するためだ。それが難題だったという。

「世界中探しました。でもないんです。継ぎ目のない角形電池ケースを作れるという技術者が、世界のどこにもまったくいないんです。世界中探し回ってやっと見つけたのが、東京の墨田区にある町工場でした」

吉野さんのこのコメントのあとに、その角形リチウムイオン電池ケースを作った達人が登場するのだが、なんと後のノーベル賞受賞者を「ふり」に使ってしまったという、ぜいたくな番組構成だった。

東京・墨田区にあるその工場には、下町キャラが印象的なタレント、阿藤快さんにリポーターとして一緒に訪ねてもらった。その名も「岡野工業」。ご存じの方も多いのではないだろうか。痛くない注射針などで、私たちの取材後も注目を集め、総理大臣までもが見学に訪れた下町の町工場だ。

岡野工業は大きな通りに面していたが、一本横道に入ると植木鉢が路上に並べられているような、下町風情がまだ残る街並みだった。

岡野工業の岡野雅行社長。テレビにも雑誌にも何度も登場した有名人だ。でも、最初にテレビ番組に出演してくれたのは、もしかしたら私の番組だったかもしれない。いや、はっきりご本人にそう聞いたわけではなかった。でも出演の了解をいただくまでに、何度も岡野工業へと足を運んだ。岡野工業は最寄りの駅から徒歩で十分くらいのところにあった。道中には、軒先に洗濯物が干された家々が密集し、下町情緒満点だった。

こちらの取材意図を伝え、決してふざけた番組ではないんですと説明し、番組企画書も渡して目を通してもらった。それでも岡野社長は「いやいや俺なんて大したことねぇよ。テレビに出るなんざ百年早いよ」と、大きな声で、でも笑いながら断るのだった。あるとき私は徹夜明けで岡野工業にお邪魔した。社長を口説くためだ。すると社長が、こんな声をかけてくれた。

「おう、これから仲間とホテルのプールに泳ぎに行くんだ。お前さんも一緒にどうだい」

そんなお誘いをいただけるまでの関係になれたのかと思うと嬉しかったが、徹夜明けでプールに行ったら私の心臓が止まりそうな気がして泣く泣く辞退した。

岡野社長は豪快な人だが、なかなか謙虚な人というか、俺が俺がという出たがりなタイプではなかった。数週間かけて撮影の了解を得てもなお「いやーやっぱりどうしようかなぁ」と言われて、私はハラハラし通しだった。


撮影当日の朝、「今日はよろしくお願いします」とあいさつに行ったときも「どうしようかなぁ」と言う岡野社長。でも、そんな社長の気分をほぐして、また撮影の雰囲気にも乗せてくれたのが、下町キャラ全開の阿藤快さんだった。

「社長んところ、すごいんだって？　世界の岡野って呼ばれてるらしいじゃない。すごいなー。今日はよろしくお願いしますよ」

そんな阿藤さんのノリに、岡野社長もなんとか撮影に応じてくれることになった。

阿藤さんにも事前に撮影したい内容などは説明しておいたが、阿藤さんが実際にこの現場・工場にやって来るのは初めてだった。リチウムイオン電池の角形ケースを見るのも初めてだった。しかもその角形電池ケースは、継ぎ目がないのだ。

「一枚の板でできてんだよ。すごいだろう」

岡野社長も阿藤快さんのキャラに触発されて、だいぶ乗ってきてくれた。

「一枚の板で？　つぎはぎしないで、一枚の板でどうやってこんなもの作るのよ？」

と、阿藤さん。

実はこれが知りたかったのだ。でも企業秘密で絶対に教えられないという。それならそれで仕方がない。でもできる限り、その秘密に肉薄したい。そうしないと視聴者も納得してくれないだろう。

阿藤さん独特の人懐っこいキャラで迫る。

「ちょっとだけでいいから教えてよ」

するとの岡野社長、

「しょうがねーなぁ。じゃぁちょっとだけだよ」

そう言って、その工程を見せてくれた。

金型を少しずつ少しずつ変えて形成していくのだが、まず最初は一枚の板を円柱形に形成する。天井は穴が開いている、いわゆるコップのような形。そこから徐々に金型を変えて、丸を楕円形に変えていく。横長に広げるイメージだ。そしてだんだんと角張らせて、最後は角形のケースになるという具合。それを、一段階ずつ番号を一から順に書き込んだ工程作品を公開してくれたのだ。全部で二十工程以上あった。

私が何度事前取材に訪れても教えてくれなかった「秘密」を、撮影本番で明かしてくれた。これはもう阿藤快さんの人間味がなせるワザとしかいいようがなかった。ありがとう阿藤さん！　そう思っている横で阿藤さんが岡野社長に聞く。

「社長、こんな秘密をテレビで公開しちゃっていいの？　まねされちゃうよ」

すると岡野社長、

「これを見てまねができるっていうなら、まねしてみやがれってんだ！」

「へぇーーーーー」

さすがの阿藤さんも驚くしかなかった。下町の町工場のオヤジのプライドだった。

撮影は順調に進んだ。阿藤快さんが岡野社長と仲良くなって、それで話を聞かせてもらっているという雰囲気だった。岡野工業は社長（名刺には「代表社員」とあった）も入れて従業員は四人程度。こじんまりとした町工場だ。

午後には、工場に隣接するご自宅に上がらせてもらって話を聞いていた。すると岡野社長が突然、

「阿藤さん、ちょっと待ってて」

と言って立ち上がった。すぐそばの棚からなにやら小さなものを持ってきた。

「阿藤さん、これ見てよ！　ほら」

社長の手のひらには、極小の角形電池ケースが乗っていた。十円玉程度の大きさで、厚みも十円玉程度しかなかった。

「ひえ〜なによこれ！　これも一枚の板でできてんの？」

「そう、一枚の板」

このシーンが、このコーナーのハイライトになった。

この「二十世紀を変えた達人」という番組では、墨田区の岡野工業だけではなく、大田区の町工場もたくさん取材させてもらった。職人さんたちはみな独特の雰囲気をまとっていた。穏やかだけれどもみなプライドを持っていた。自信に裏打ちされた穏やかさ。私は素直に「かっこいいなぁ」と思った。

中でも一番印象に残っているのが、小さなネジ工場だった。事前取材であちこちの

町工場に話を聞かせてもらっていた中の一つが、大田区のそのネジ工場だった。四畳半くらいの広さしかない。そこにさまざまな種類、さまざまな大きさのネジがケースに小分けして入れられていた。その横にはネジを作る工作機があった。年老いた白髪の父親と、パーマをあてた同い年くらいの母親、そしてその息子さんの三人で切り盛りしていた。

息子さんは四十過ぎくらいで、ご両親は七十歳程度とお見受けした。父親も、息子さんも、工業高校を出てからずっとこの工場で働いてきたという。七十歳くらいのお父さんは、もう五十年以上もネジだけを作っているという。その四畳半程度の機械油の匂いが充満した空間で。

五十年間、変わらぬ生きざま。ただただネジを作ってきた人生。五十年間ネジ一筋という生きざまを見せられて、私は「うっ」とつまってしまった。なんというか、その事実に圧倒されたのだ。一つの壮大な長編小説を読み終えた直後のような読後感。こんなに実直で、こんなにすごい人生があるのか、と。

そのネジ工場は、結局番組では取材、放送しなかったのだが、私の記憶に深く刻まれた町工場だった。

この番組は好評を得て、おかげさまでその翌春に「科学技術庁長官賞」を受賞した。その審査講評の一節が忘れられない。

「場末の一隅（下町の工場）にたむろする達人（職人）の技術に見ほれた」

こういうものだった。

まさに場末の一隅、日本の一隅、世界の一隅、そう世界の片隅に生きる人たちの生きざまを描いた私の意図を汲み取ってもらえたと思ったのだ。

仕事の大小はあるだろうし、世間に評価されるものを作ったかどうかという見方もあると思う。でも、世界の片隅で黙々と一つのことだけをなりわいにして生きている人間たちの人生の重みというか、凄みというものは、それらにかかわらず存在する。そう、彼ら職人たちの、まっすぐな生きざまに圧倒された取材だった。

ホテル・カリフォルニア

誰でもつい口ずさんでしまう曲があるのではないだろうか。鼻歌で歌ってしまう曲。私は子どもの頃から演歌好きという変わった子どもだったのだが、それとはべつに、気がつくと頭にメロディーが流れている不思議な曲があった。

洋楽だ。イーグルスの「ホテル・カリフォルニア」。

一九七六年にリリースされた曲で、私がまだ小学生のときのことだった。もちろん歌われている歌詞の意味などわからなかった。ただ、あの哀愁を帯びたメランコリックなメロディーが頭から離れないでいた。

その「ホテル・カリフォルニア」を取材する機会に恵まれた。２００２年、アメリカ同時多発テロの翌年。三十六歳のときだった。国内外の名曲誕生の秘話を紹介するドキュメンタリー番組を担当していたときのこと。

この曲はとにかく謎めいていた。日本での発売元のレコード会社にも話を聞きに行った。

「これ不思議ですよね」

レコード会社の人が、アルバムジャケットを見せてくれた。その表紙には、カリフォルニアの高級住宅街に実在する超高級ホテルの写真。ジャケットを開いてみると大勢の人たちがパーティーを楽しんでいる写真が見開きで載っている。そして裏表紙には、パーティーのあと、会場を一人で清掃している男性の写真があった。

「なにを表現しているんでしょうね。歌詞もまた不思議なんですよ」

そうも教えてくれた。こんな歌詞だった。

夜の砂漠のハイウェイ
涼しげな風に髪が揺れて
コリタス草の甘い香りがあたりに漂う
はるか遠くに　かすかな光が見える
僕の頭は重く　目の前がかすむ
どうやら　今夜は休息が必要だ

ミッションの鐘が鳴ると
戸口に女が現れた
〝ここは天国か　それとも地獄か〟
僕は心の中でつぶやいた
すると　彼女はローソクに灯をともし
僕を部屋まで案内した
廊下の向こうで　こう囁きかける声が聞こえた

ホテル・カリフォルニアへようこそ

ここはステキなところ
（そしてステキな人たちばかり）
ホテル・カリフォルニアは
いつでも　あなたの訪れを待っています

彼女の心は紗のように微笑
メルセデスのように入りくんでいる
彼女が友達と呼ぶ美しい少年達は
みな恋の虜だ
中庭では　人々が香わしい汗を流して
ダンスを躍っていた
想い出のために躍る人々
忘れるために躍る人々

〝ワインを飲みたいんだが〟と
キャプテンに告げると

〝一九六九年からというもの
酒（スピリット）は一切置いてありません〟と彼は答えた
深い眠りにおちたはずの真夜中でさえ
どこからともなく　僕に囁きかける声が聞こえる

ホテル・カリフォルニアへようこそ
ここはステキなところ
（そしてステキな人ばかり）
ホテル・カリフォルニアは楽しいことばかり
アリバイを作って　せいぜいお楽しみください

天井には鏡を張りつめ
氷の上にはピンクのシャンペン
〝ここにいるのは　自分の企みのために
囚われの身となってしまった人たちばかり〟
と彼女は語る

やがて　大広間では祝宴の準備が整った
集まった人々は　鋭いナイフで獣を突くが
誰も殺すことはできなかった

最後に覚えていることは
僕が出口を追い求めて走りまわっていることだった
前の場所に戻る通路が
どこかにきっとあるはずだ
すると夜警がいった
〝落ち着きなさい
われわれはここに住みつく運命なのだ
いつでもチェック・アウトはできるが
ここを立ち去ることはできはしない〟

（日本語詞・山本安見）

みなさんはこの歌詞からどんなことをイメージするだろうか。私もこの取材で初めて歌詞をしっかりと読んだ。歌は時代を映す。

一九六〇年代のアメリカに詳しい大学教授にも話を聞きに行った。

〝一九六九年からというもの

酒（スピリット）は一切置いてありません〟

この歌詞が気になったからだ。その教授はいろいろなことを教えてくれた。ベトナム戦争や公民権運動に揺れた六十年代の時代の空気というものも、そして歌詞でいう一九六九年に何があったのかということも。

一九六九年には、三日間にわたり四十万人もの観客が集まったという、伝説的な野外ロックコンサート、「ウッドストック・フェスティバル」が開催された。私たちは、その「ウッドストック・フェスティバル」のドキュメンタリー映画も確認した。観客の若者たちが、こんなことを語っていた。

「みなは行く先を求めているんだ。答えを探しに来たのさ。でも答えなどない」

「どのように生きて、何をすべきか。ここに来ればわかると思い、人々は集まって来たんだ。みな悩んでいるのさ」

カリフォルニアに沈む夕日　パキスタン　ツバルで見たものと同じだ

「スピリット」には「精神」という意味もある。アメリカのロックは、このコンサート以後商業主義に走ったともいわれている。そしてちょうどその年に、イーグルスのメンバーたちも地方からカリフォルニアに出て来たのだった。

私たち取材クルーはアメリカへ飛んだ。番組では、まず六〇年代からカリフォルニアのラジオ局で活躍するＤＪに話を聞いた。

「聞いていると特別な意味を探ってしまう歌詞の内容も人気の秘密だった。イーグルスは歌詞の内容については何も語っていないからね。それがかえって興味をそそったんだ。近くの精神科病院のことを歌ったんだとか、メキシコに実在するホテルのことだとか、宗教的な意味があるとか、この歌にはいろんな解釈があったんだよ」

そう教えてくれた。

ロサンゼルス。ウエストコーストのハイウエーを車で走った。私より少し若い日本出身の女性コーディネーターが、ハイウエーを走って撮影している間、ずっとＣＤで「ホテル・カリフォルニア」を繰り返しかけてくれていた。そのコーディネーターは長くアメリカで暮らし、アメリカ人の男性と結婚もしているのだが、歌の歌詞は聞き取りにくいという。それでも何度も何度も繰り返し曲をかけていると、こんな不思議なことを言った。

「そういわれると、確かにそう聞こえますね」

イーグルスのドン・ヘンリーと共にアルバムジャケットをデザインした、アート・ディレクターにも話を聞いた。彼は興味深い場所へと私たちを案内してくれた。アルバムジャケットを撮影したホテルへだ。表紙の高級ホテルではない。ジャケットの見開きに載せられているパーティー会場となったホテルだ。そこは現在、アパートになっていた。入り口にある住居表示の数字板は半分欠け落ちてしまっている。なんともさえない外観だった。

中に入ると、ちょっとした広さのロビーがあった。ジャケットで見たものと同じだ。なんで、こんなさえないホテルでパーティーシーンを撮影したのだろう。表紙の高級ホテルを借りて、もっと豪華に撮影することだってできただろうに。

その問いかけに、アート・ディレクターはこう答えた。

「夢と現実の落差。それを表現したかったんだ」

「夢と現実の落差」とはなんなのか。ニューヨーク在住で、イーグルスのメンバー、ドン・ヘンリーに何度も取材を重ねたジャーナリストがインタビューに答えてくれた。

「彼らはこの曲の解釈については一切語っていない。でもドン・ヘンリーは、重要なことを私には語っている。『この曲は自伝的なメッセージを伝えるためのものだった』と。

自分の夢にハマってしまい、現実が見られなくなると大きなツケを払うことになる。そんな警告のメッセージだと言っていた。

成功して金や名声を十分手に入れたが、残るのはむなしさだけだと、彼らは気づい

アルバムジャケットで撮影したホテルのロビー

たんだ。欲しかった金もありすぎると無意味なものになってしまうし、名声と引き換えに彼らを待っていたのは朝から晩までスタジオにこもりっきりの日々。彼らが夢見た成功は、しょせん彼らの自由を奪ってしまっただけだった」

そしてこの曲の爆発的なヒットの秘密についても、こう見解を示してくれた。

「ごく普通の人たちにも、人は人生の中で本当に大切なものを見失ってしまう危険があると訴えているからだ。結婚しても、家のローンや車のローン、子どもの教育ローンなどに追われるうちに夫婦の愛情が失われてしまったりとか、誰の日常にでも潜んでいる危険性を指摘している。『人生はもっと豊かになる。そんな夢にハマってしまって、逆に人生を台なしにしてしまうなよ』というメッセージなんだと、私は思っています」

皮肉なことに、この曲は発売と同時に一五〇〇万枚の売り上げを記録し、ビッグマネーを生む大ヒット曲となった。

前出のアルバムジャケットを手掛けたアート・ディレクターに、私はこんな質問をした。

「あなたは、ホテル・カリフォルニアにチェックインしたのですか?」

自分でも意味がわかっていなかった。でも、これだけは聞いてみようと日本にいるときから考えていた質問だった。彼はこう明快に答えた。

「あぁ、もちろん。誰でもみな人生のそれぞれの時期にチェックインしているんじゃないかな。私は幸運にも生き残っている。そして私は以前よりも強くなっていると思うよ」

ミステリアスな歌詞に、ミステリアスな問答。番組の最後にナレーションで、視聴者にこう問いかけた。

「ホテル・カリフォルニア。誰もがある日、その入り口に立つことになるのかもしれ

ＡＤの力作「ホテル・カリフォルニア」

ＡＤの力作を浜辺にセットする筆者

ない。そのときあなたは、チェックインするだろうか」

このアメリカロケに出発する前日、私はあることを思いついた。音楽のドキュメンタリー番組は、その曲を聴かせている間に見せる映像に苦労する。イメージカットになるのだろうが、そこが工夫のしどころだ。ホテル・カリフォルニアは架空のホテルだという。だったらそのホテルを作ってしまえと思ったのだ。

出発の三十時間前くらいのことだった。出先から会社にいるADに電話でイメージを伝え、翌日の出発までにクラフト紙でホテルの模型を作ってもらった。上々の出来栄えだった。カリフォルニアの海岸でそのクラフト紙のホテルを砂浜に置いて撮影しようと考えたのだ。

帰国後、編集をして初めてテレビ局のプロデューサーに番組VTRを見せたとき、局の女性プロデューサーはこの手作りのホテル・カリフォルニアを「かわいい！」と大層喜んでくれた。大成功だった。テレビ番組はチームで作るものだということを再認識した。

取材の段取りで説明すると、最初にニューヨークに入った。そこでジャーナリストの話を聞いて、その後ロサンゼルスに移動した。

最終的には使わなかったのだが、当初は模型のホテル・カリフォルニアの中で豆電球を光らせたかった。電池や銅線などを、スーツケースに詰め込んで行った。

アメリカ同時多発テロの翌年だ。厳しいチェックを受けることを予想していた。

「これはなんだ！」

そう聞かれたときに説明する英語も覚えて行った。ところがなんと、ニューヨークの空港ではチェックもされずスルーだった。みな荷物を預け、目の前で開けられチェックされる。私たち一行の荷物が多かったからかもしれない。撮影機材なども多く、ひとつひとつを確認していたからかもしれない。私の荷物は開けられることもなくスルー。

さらに驚いたことがあった。ニューヨークからロサンゼルス行きの飛行機に搭乗して、間もなく出発というときのこと。私は最後列の通路側に座っていた。するとメキシコ人風の家族連れが四、五人どかどかと通路を進んでくる。私と目が合う。なんだ？　なんだ？　そして私の席まで来て「ここは俺たちの席だ」と言うではないか。

彼らが示すチケットには、確かに私の座席番号と同じ数字が印刷されていた。一瞬「面倒くさいことになったな」と思ったが、彼らが示すチケットをよく見ると、行き先が違う。彼らの行き先はメキシコだ。それを指摘したら「あ、悪かったね」といった具合に、彼ら一家は飛行機から出て行った。しかしこの間に爆弾を仕掛けていたらどうなっただろう。アメリカのいい加減さにあきれた出来事だった。

謎めいたことは放送終了後にも続いた。放送後しばらく時間が経ってから、資料などをたくさん貸してくれた日本のレコード会社に、資料の返却とお礼に出向いた。するとこんなことを教えてくれた。

「いやぁ、先日オリコンの人に聞かれたんですよ。洋楽ロック部門で『ホテル・カリフォルニア』が、急にトップ一〇〇に入る急上昇を見せたけど、何かプロモーションでも打ったのか？って。そんなことは何もしておらず、考えられるのは、この番組だけなんですよね」

なんともミステリアスだけれども、なんとも嬉しい話だった。ディレクター冥利に尽きる。その後もアメリカの大物アーティストの取材を行ったが、そのマネージャーからこんな話を聞かされた。

「この番組は日本の音楽シーンに大きな影響力を持っていると聞いている」

「来年には日本でコンサートツアーを行うから、君たちにも招待状を送るよ」

そうまで言ってくれた。が、招待状は来なかった。あまり売り上げに貢献できなかったのだろう。申し訳ない。

そしてこの番組に関する極め付きのエピソードがある。放送から十年以上経っていたある休みの日。私は自宅近くで車を運転していた。すると、つけていたＦＭラジオから懐かしいメロディーが聞こえてきた。「ホテル・カリフォルニア」だった。なんでもその日は、イーグルスのメンバー、ドン・ヘンリーの誕生日だという。それでイーグルスの代表曲がかけられたのだ。

そして、曲に乗ってラジオ・パーソナリティーが語り出したエピソードにびっくり仰天した。私たちが作った番組の構成そのままだったのだ。取材した人たちも、彼らが語ったエピソードも、ここで紹介したように、番組で放送した内容とまったく同じだったのだ。私が書いたナレーション原稿を、そのまま読んでいる箇所もあった。

なんだか嬉しくなった。いや、本当は「勝手にパクりやがって」と怒るべきなのかもしれない。しかし私は、能天気にも喜んでしまったのである。

「あぁ、自分が作った番組が、よその放送局でそのままパクられるようになったのか」

その話を友人にすると、こう言われた。

「放送人として、そこはガンとクレームをつけるべきだった」

そうかもしれない。でもなぜか私はクレームをつける気になれなかったのだ。テレビマン失格だな、また思った。

同時にこんなことも頭に浮かんだ。

「ところで私自身は、ホテル・カリフォルニアにはチェックインしたのだろうか」

答えはまだ、見つかっていない。

どっこい生きてるマイノリティ

平成も終わる頃、九州のある県庁所在地で、ゲイバーのママを取材させてもらう機会があった。真冬の時期だった。

「お年は？」

「69（シックスナイン）」

定番のギャグらしい。でもだいたいそれくらいの年齢だと推察された。

店が終わった深夜に、一軒家のご自宅まで私一人でカメラを持っておじゃました。

一階は駐車スペースと、あとは物置のように使われていて、二階で暮らしていた。話は下ネタてんこもり。本当かどうかは確認しようがないが、いまテレビで大ブレークしている男性タレントとも関係を持ったことがあるという。

サービス精神旺盛だ。こちらを楽しませようとしているのが伝わってくる。彼らがみな陽気だとは思わないが、一般的に明るく楽しい人が多いという印象だ。そういう意味では、そのママはイメージ通りの人だった。

そのママの自宅には、同じ店で働くKちゃんという三十代後半くらいの「女性」が居候していた。リビング兼ママのベッドルームの隣に部屋を与えられていた。六畳ほどの部屋の壁には、若い男性アイドルグループの写真が隙間なく貼られていた。棚の上には下半身を露出した男性四人が、肩を組んだ写真が飾られている。ノンけには、そこそこ強烈な風景だった。

Kちゃんは、いつも静かに笑みをたたえている、ちょっと影のある美人さんだ。部屋の撮影をしていると、私の下半身に手を伸ばしてくる。

「や、やめてください」

そう言うと、なんともいえない笑顔を見せる。憎めないのだ。

そんなKちゃんの身の上話を聞いた。自分が普通じゃないと思ったのは小学校高学年の頃だったという。気がついたら男の子の姿を目で追っている自分に気づいた。運動会で自分が好きな男の子が活躍しているところを見ると、胸がキュンとなった。あ、自分は普通じゃないんだなと思ったと。

Kちゃんは、同じ九州の田舎町出身だ。マイノリティにとって、田舎は生きづらい。高校卒業後すぐに家を出て、他県の県庁所在地で暮らすようになった。仕事は水商売を転々とした。そんなある日、いまのお店のママと知り合って、ママの店で働くようになったという。

でもKちゃん、いまでも実家の両親には事実は隠しているそうだ。実家に帰るときは、男らしい服を着て、話し方も男らしくするのだという。仕事はどうしているんだと聞く両親には、「ウエーターをやっている」と答えている。

「将来の夢は？」

Kちゃんに聞いた。

「いやべつに……。普通に暮らせればそれで……。できれば自分のお店を持ちたいかな」

「開業資金はためているの？」

「いや全然」

そう静かに笑うKちゃん。

「このままずっと、いまのママの店で働いていけたら、それでいいかなって」

すごく控えめに語るKちゃんのこの先を思った。ママが店を閉めたらどうするのだろう。店のほかの従業員はみな寮で暮らしているという。Kちゃんはあまり社交的ではないようだ。また一人ぼっちになるのだろうか。また素性を隠して、息苦しく生きていくのだろうか。田舎の両親もいつかはKちゃんより先に逝ってしまう。残されたKちゃんはどう生きていくのだろう。

「ママに続きの取材をさせてもらうから。またあとで伺います」

ひと通りKちゃんに話を聞いたあと、そう言ってKちゃんの部屋を出た。


ママは吹っ切れた人だった。九州の田舎の中学を出て東京に集団就職した。建設現場で働き、飯場で暮らしていた。あるとき男の先輩におおいかぶさられ、自分の性に目覚めたという。田舎に帰ったとき、自分の「本当の性」を告白した。

「それはもう大変だったわよ」

親戚からは絶縁され、両親は泣き崩れ、もう二度と帰らないと誓って東京へ戻ったそうだ。

その後は、歌や芝居の稽古をし、夜はナイトクラブで歌を歌って生計を立てた。これも確認のしようがないが、ママが勤めていたのは美空ひばりがデビューした由緒あるナイトクラブだったそうで、そこでそこそこの人気を博していたらしい。

「バブルの頃はすごかったわよ」

日本全国いろいろなところからお呼びがかかり、各地に出向いては歌と芝居を披露した。そうするとガッポガッポとお金が振り込まれたそうだ。ママが暮らす一軒家の一階には着物だんすがいくつもあり、聞くと一枚数百万円もする着物もあって驚いた。

「私はもう失うものも、怖いものもなにもないけど、Kちゃんみたいに若い人は大変よね」

そう、後輩たちのことを気にかけていた。

そしてDVDで「裏」ものの男性版エロ動画を見せてもらいながら、こんな独り言のような話を聞いた。

「東京はいいわよね。こういうDVDも簡単に手に入るし、新宿二丁目なんていう街もあるじゃない。田舎にはそんなところないもの。なかなか生きづらいのよ」

最後はママが化粧を落とすところまで撮影させてもらってから、Kちゃんの部屋へ戻った。

Kちゃんはベッドの上で、すやすやと眠りに落ちていた。私の取材を待っていてくれたのだろう。着替えもせず、着の身着のままで毛布もかけずに縮こまって眠っていた。起こすのも悪いと思い、Kちゃんの寝姿だけを撮影させてもらって、ママの家をあとにした。


もうあたりは明るくなっていた。南国といっても冬の朝は寒い。

「普通に暮らせればそれで……」。

Kちゃんがつぶやいた一言。現在はマイノリティーに限らず、誰にとっても平穏に暮らすことが難しい時代だと思う。どんな個性を持とうと、どんなに「普通」から外れていようと、せめて自分にうそをつかずに暮らしていける環境があれば。

世の中には、日本だけを見てもさまざまなマイノリティーたちが暮らしている。みな、普通に静かに暮らしていくことができればなぁ。

繰り返しになるが、私はノンけである。でも、疲れ果ててベッドで眠るKちゃんの寝顔が忘れられない。

シーン5

敗者の背中

原点

私がテレビ番組の制作を志した原点をたどれば、それは高校一年生、十五歳のときにまでさかのぼる。

私は関西で生まれ育った。サラリーマンの父親が転勤で関西にいるときに私が生まれたのだ。中学一年の終わりまで関西で暮らした。

その頃、はやっていた漫画に『四角いジャングル』というものがあった。確か少年マガジンで連載されていた。キックボクシングなどの格闘技を、リアルタイムで進行する現実を追いかけながらストーリーにするという、当時としては画期的な漫画だった。漫画に登場する主人公が、同じリングネームで本当にプロデビューしたりもした。中学生で男の子ということもあったのだろう、学校の休み時間は友だちと格闘技ごっこをしていた。ストイックな生活、派手な格闘シーンに憧れた。

そして中学二年の春に、千葉県のベッドタウンに引っ越した。父親の転勤でだ。思春期に入りたての頃に転校をして、大きく環境が変わった私を気遣ってくれたのだろう。父親が「後楽園ホールにキックボクシングを観に行こうか」と誘ってくれた。漫画では毎週見ていたけれど、本物の格闘技を生で観戦するのは初めてだ。ドキドキ、ワクワクしてその日を待った。

いよいよ当日。ワクワクというよりも、緊張して後楽園ホールが入る建物の前に立った。父と弟、三人での格闘技初観戦。後楽園ホールはビルの五階にあった。東京ドームはまだなく、古い後楽園球場がそのビルの横にそびえ立っていた。

客層は、正直怖そうな人たちばかりだった。昭和五十年代という時代もあったのだろう。

入り口でチケットをもぎってもらい中に入ると、ロビーにはタバコの煙が充満していた。父親が奮発してリングサイドのチケットを買ってくれた。売店でジュースを買って席を探す。通路を進むと、壁の切れ目から不意にリングが現れた。近い。ものすごく近い。こんなに間近で熱戦を観られるのか。緊張がさらに高まった。

私たちの席は、リングから三列目くらいの最高のポジションだった。とにかく緊張していた。自分が試合をするわけでもないのに、なんでこんなに緊張しているのだ。自分でもおかしくなるほど緊張していた。

そうこうしているうちに試合が始まった。まず思ったのは「音」が違うということ。顔面にパンチが入ると「ドンドン」という鈍い音がする。漫画の擬音語や、テレビ中継では絶対に伝わらない音の振動だった。そしてとにかく、大人の男同士が殴り合う、蹴り合う姿に圧倒された。KOシーンでは、倒れた選手がキャンバスに後頭部をしたたか打ちつける。

「人間同士がこんなことをしていいのか?」

それが率直な感想だった。格闘技の世界にますますのめり込んでいった。

そして十五歳の春。高校へ入学して、私は街のボクシングジムの門を叩いた。なぜキックボクシングではなくボクシングだったのか、いまとなっては思い出せない。近くにキックボクシングのジムがなく、高校への通学途中にボクシングジムがあったからというのも大きな理由だったと思う。ただ「この道で食っていくんだ」という強い思い込みだけはあった。

ボクシングジムの門を叩くのも容易ではなかった。そのジムは住宅街の小さなマンションの半地下にあり、入り口が狭い暗がりの下り階段になっていた。初めて入門しようと訪れたときは、その薄暗い半地下から、ドスドス、パンパンパン、ダダダッダダダッダダダッと、サンドバッグやミット、パンチングボールを叩く音が聞こえてきて、怖くなってそのまま引き返してしまった。

二度目に訪れたときも、その階段を下りることをしばしためらっていた。すると、マンションから出て来た老人と鉢合わせした。

「おう、練習生か」

そう言う老人に、反射的に言葉を発していた。

「入門させてください」

老人のあとについて、その薄暗い階段を下っていった。まだ練習時間前で誰もいない。いま印象に残っているのは、ジムが蛍光灯に照らされてものすごく明るかったことだ。

高校の教室の広さもないくらいの小さなジム。そのほとんどの面積を、青いキャンバスのリングが占めていた。ジムの片隅にある狭い事務室でその老人と話をした。その老人がジムの会長だった。

「高校はどこの高校だ」

「中学では何かスポーツしてたのか」

そんなことをいくつか聞かれたように思うが、私はとにかく明るく輝く、青が鮮やかなリングに気を奪われていた。棚に積まれたボクシンググローブもピカピカに輝いているように見えた。しかし半地下でジメジメしていて、カビ臭かったことも印象的だった。

準備していた入会金と一カ月分の会費を払うと、会員証を渡してくれた。定期券ほどの大きさの厚紙でできた会員証。それを手に、すごく誇らしい気持ちになったことをよく記憶している。

「明日から来いよ。なんでもいいから運動できる格好でな。それから靴は土足じゃダメだぞ。靴もなんでもいいからジム専用の運動靴を持って来い」

「はい」

そんな会話を交わしてジムを出た。やった、やったぞ。ついに第一歩を踏み出した。帰りは最寄り駅までスキップをしていたのではないか。それくらい私の心は躍っていた。

私はなんでも思い詰めるタイプの人間だった。とにかくボクシング一本でやっていく。世界チャンピオンになる自信などはまったくなかった。でもやるからには集中して人生をかけて一生懸命やる。そう思い詰めていた。両親にも、高校を出たら働きながらボクシングをやる、大学には行かないと宣言していた。父親は、お前は世間を知らないんだとあきれ、母親は泣いていた。

いまでこそ大学生をやりながらプロボクサーもやる、二足のわらじをはく者が多い。大学時代の四年間プロボクサーをやってみて、それで進路を考えるのだ。しかし当時の私は、プロボクサーはストイックでなければならない、そんなチャラチャラした気持ちでボクシングをやっていたらダメだと強く思っていた。

とにもかくにも、こうして私のボクサー人生はスタートした。当時のジムにはランキングボクサーも、ついこの間まで日本チャンピオンだった選手もいて活気に満ちていた。プロ選手も、高校生も大勢所属していた。学校帰りに毎日通った。最初は左ジャブだけを来る日も来る日も繰り返し練習した。まったく飽きなかった。徐々にワン・ツーを教えてくれ、フットワークの刻みかたも教えてくれた。

ある日、いつものように鏡の前で一人黙々とシャドーボクシングをしていると、マネージャーとみなに呼ばれる、プロ選手の面倒を主に見ている中年男性が私のすぐ横に立った。腕を組みながら私の動作を見つめている。そして大きな声でこう言った。

「こいつ、今日から俺が見るから」

嬉しかった。誰かに認められるのは嬉しい。

そのマネージャーは声が大きかった。いつもジムで大声を出してはみなを鼓舞していた。口も悪い。でも愛情がこもっていた。

あるとき私は、そのマネージャーにコンビネーションブローを教えてもらっていた。パンチンググローブをつけ、マネージャーはミットを持って受け止めてくれた。ワン・ツー・スリー・フォー。ジャブ、ストレート、フック、ストレートというコンビネーションだった。

私はもともと運動神経が鈍い。足も遅ければ、サッカーボールをまっすぐ蹴ることもできない。

そんな人間なので、その一見簡単そうなコンビネーションブローもまともに打てない。パンパンパンパン。そう行きたいところだが、カスッ、パチ、ペチ、ボス。そんな感じになってしまう。

マネージャーも根気よく付き合ってくれる。

「ワン・ツー・スリー・フォー」

「違う。もう一回」

「違う。もう一回！」

「違う！　もう一回!!」

「こんなこともできないんならボクシングなんて辞めちまえ！」

最後にはそう言って、リングから出て行ってしまった。

マネージャーを怒らせてしまった。あんなに面倒を見てくれていたのに。あぁ。

その後は型通りの練習メニューをこなしたが、身が入らなかった。マネージャーとは目を合わせられない。

しかし、帰りがけに思わぬことが起こった。練習を終え、着替えてジムを出るとき、いつものようにあいさつをした。

「ありがとうございました。お先に失礼します」

頭を下げて顔を上げると、真正面、リングの向こう側にマネージャーの姿があった。マネージャーは片手をひょいと上げて笑いながら、声をかけてくれた。

「ミヤザワ！　あしたも練習こいよ」

それだけのこと。たったそれだけのことが猛烈に嬉しかった。いまでもボクシング時代を思い返すと、このときのマネージャーの顔が真っ先に浮かぶ。学校では、運動もできない、勉強もできない、クラスで人気があるわけでもない。どこにも居場所がない。そんなぼくなんかのことを、気にかけてくれている人がいるんだ。そのことがとにかく嬉しかった。

私がこれまでなんとかやってこられたのも、そのときのマネージャーの一言に救われたからだと思っている。今度は五十五歳を過ぎた私が、マネージャーのように、若者たちに声をかけてやりたい。

マネージャーはとにかく私のことを気にかけてくれていた。いや本当は私だけではなかった。プロ選手も高校生も、みな我が子のように気にかけてくれていたのだ。

あるときマネージャーが小さな声で言った。

「ミヤザワ、ボクシング頑張ったら、ボクシングで大学に入れてやるからな」

そのジムはアマチュアとも太いパイプがあり、有望な選手はときどき、大学に推薦入学させてもらっていた。

当時大学なんて考えたこともなかったが、大学生か、なんだか楽しそうで案外悪くないかもな。そんな夢を一瞬見たりもした。


ジムは午後四時から開いていた。高校がジムに近かったということもあり、大抵私が一番乗りだった。練習時間は、準備体操、整理体操を入れても一時間三十分程度。だらだらと長く練習していると怒られた。私が帰る五時半、六時くらいから、仕事を終えたプロ選手たちがジムにやってくる。

あるとき、プロ選手の練習を見たくて、着替え終わったあともしばらくジムに残って、リング横に置かれたパイプ椅子に座っていた。

とにかくジムは狭いので、プロ選手のロッカーもリングのすぐ横、私が座っているパイプ椅子の真横に置かれていた。練習にやって来たプロ選手が、着替えをするのにロッカーを開けた。普通のことだ。そのときなぜか、そのロッカーの中が見えてしまった。そこにはボクシングの試合のチケットの束がいくつも押し込まれていた。

その頃、プロボクサーのファイトマネー事情がようやく飲み込めてきていた。ほとんどのプロ選手は、ファイトマネーを現金でもらえない。自分が出場する試合のチケットを渡されるだけなのだ。それを自分で手売りするのだという。びっくりした。本当にびっくりした。

もともと四回戦ボーイのファイトマネーなんて、当時三、四万円程度のものだった。そこから三十三％のマネジメント料をジムに引かれ、残りをチケットで支払われる。

当時ジムに所属していたプロ選手は、みなおとなしかった。いまから思うと、うまく周囲とコミュニケーションが取れないような、いわゆるネクラな人たちが多かった。

そんな人たちが、ましてや昨日、一昨日に地方から出て来たばかりでガソリンスタンドでアルバイトをしているような四回戦の若い選手が、一枚数千円もするチケットを職場の仲間に買ってくれとは言えないだろう。そんな事情から、まったく売れないチケットの束がどんどん積み上がっていくということになる。

アマチュアのどんな競技だって、例えば強化選手に選ばれれば強化費としていくらかの現金が支給されるのではないだろうか。企業のスポンサーがつくような選手だっている。それなのにプロボクサーたちは……。

試合をしても一銭も身入りがないどころか、試合会場までの交通費やバンテージ（拳に巻く包帯）代などで足が出てしまう。そこまでして彼らは頑張っているのだ。

また、当時は具志堅用高選手が全盛期だった。全戦全勝で試合をするたびに派手なノックアウト勝ちを収める。世界チャンピオンで十三度連続防衛という偉業を成し遂げた名選手なのだからそれが当然といえば当然だった。しかし私は、ほかのプロ選手のことを知らなかった。

驚いたのは、私がジムに所属していたときにプロボクサーだった選手のほとんどが、負け越していたということ。三勝七敗、六勝十三敗、そんな選手ばかりだったといってもいい。

ボクシングは本当に強烈だった。衝撃的なことばかりだった。本気で人を殴り、本気で人に殴られる。それも強烈な体験だった。しかし私にとって一番強烈だったのは、後楽園ホールのリングサイドで見守る中、タバコの煙や酔客の歓声の中で鼻血まみれになってリングに昏倒していく、そんな負け越し先輩ボクサーたちの姿だった。

毎朝早く起きては、仕事に行く前に何キロも走る。そして日中働いて夕方からジムにやって来る。毎月一万円以上の会費を払ってだ。そして黙々と練習しては帰っていく。私たちのような有象無象の高校生たちの面倒もよく見てくれた。私もスパーリングの相手をしてもらったことがある。とにかく優しい。スパーリングの相手をしてくれるだけではない。その後、事細かくアドバイスをくれる。その一言一言に「はい、はい」とうなずいて聞いていた。私は彼らのことを尊敬していた。

そんな尊敬する先輩たちが、煌々とライトに照らされたリングの上、酔っぱらった客たちの口汚いやじの中で叩きのめされ、キャンバスに顔面から崩れ落ちていく。これほど強烈な体験はなかった。

そして彼らは諦めなかった。試合の翌日からジムに顔を出す先輩もいた。毎日走り働いて、その後ジムで毎日同じメニューの練習を繰り返す。しかし試合では毎回のように敗北する。それでもまたジムにやって来る。

私はこれこそが「生きていく」ということだと思った。これこそが人間が生きていくということだ。この繰り返しこそが、きっと「人生」というやつなんだ。そう思った。まだ十六歳になる前だった。そして自分も生きていこうと、このとき決心した。

血のにじむような努力をしても必ずしも報われないという悲痛な事実。だがしかし、その無念の中でこそ人は何かを獲得していくものではないのか。

私は毎日がむしゃらに練習した。スパーリングでは一学年上の先輩にボコボコにやられることが多かったが、それでも毎日が充実していた。それこそ生きているという実感があった。毎日が幸せだった。

ところがある日、そんなささやかな幸せが、ささやかな日常が砕かれた。

網膜剥離。

ボクシングをやる者なら誰でも知っている目のケガだ。それをやってしまった。眼球内部にある網膜に穴があき、剥離していく。失明の危険もある厄介なものだ。しかもなんということか、ボクシングでやったのではない。学校の体育の授業中に、サッカーをしていて友人が蹴ったシュートを右眼に受け、やってしまった。

自宅近くの眼科で網膜剥離と診断され、大学病院に紹介状を書いてもらった。

「明日からすぐに入院して手術することになると思うから」

深刻な顔をした医師からそう告げられたが、まったく上の空だった。

もうボクシングはできない。二度とできない。泣いた、泣いた、泣いた。

自宅からジムに電話をして、マネージャーに網膜剥離で手術することになったと伝えた。電話をかけていたほとんどの時間、泣いていた。用件を伝えた以外は嗚咽しかマネージャーには聞こえていなかったはずだ。

「泣いていたってしょうがねぇだろ。さっさと治して、とにかくまたジムに来い」

やっとのことで「はい」と絞り出して電話を切った。


手術は三時間近くかかった。剥離した網膜の面積が大きくて元に戻せない。だからこれ以上剥離しないように網膜を凝固させたと、医師から説明を受けた。網膜が剥離したのは目の底の部分で、視野にはほとんど影響がなかった。精密に視野検査をすると、一部見えない箇所があったが、日常生活を送る上では何も支障はなかった。

入院中、目のケガだったためにラジオしか聴けない環境で、当時大ヒットしていた薬師丸ひろ子の「セーラー服と機関銃」を何十回と聴いた。

「さよならは別れの言葉じゃなくて　再び逢うまでの遠い約束」

ボクシングとサヨナラすることになった私。この歌詞を何度も何度も繰り返し噛みしめては、その意味を考えていた。

電話での約束通り、学校に通えるようになった初日にジムに顔を出した。マネージャーはカラッとした顔で、カラッと迎えてくれた。

どれ見せてみろ。そう言って私の右眼を広げるとまじまじと見た。その後、今度は少し離れて私の顔を見た。

「いいじゃないか。網膜剥離をやると、眼の向きがおかしくなることが多いんだよ。お前の眼はそんなにひどくない。良かったな」

何が良いもんか。でも、カラッと迎えてくれたマネージャーの優しさに、また泣きそうになるのを堪えるのが精いっぱいだった。

しかし、これこそが私の原点だった。高校時代にボクシングジムで見た光景、思ったこと。その衝撃を、ずっと抱き続けて生きて来たのだ。

示された道

もうボクシングはできない。それでもときどきジムに顔を出した。プロ選手の試合の応援にも足を運んだ。

ジムには私と同学年のO君という、いつもアニメキャラクターのTシャツを着て練習している坊主頭の少年がいた。まだ網膜剝離をやる前、彼とは一度だけスパーリングをしたことがある。普段は先輩たちにボコボコにやられていた私。

「同級生にボコボコにやられたら、もうダメかもしれないな」

そんなことを思いながらスパーリングの準備をした。

そしてゴングが鳴って向き合った。一発もパンチをもらわなかった。逆に私が出すパンチはすべてヒットした。

その同級生は私よりも一、二カ月遅れてジムに入って来た。その日が初めてのスパーリングだったと、あとで聞いた。だったらこうなるに決まっている。結局O君が下を向いてしまってスパーリングにならず、途中でマネージャーが止めに入った。鼻血を流す坊主頭の同級生に、いつも通り「ありがとうございました」と声をかけたけど、返事をしてくれなかった。それが気にかかっていた。

高校二年生になって、関東大会の予選が始まった。O君はフライ級（五十キロ）でエントリーした。しかし県予選の一回戦でレフェリーストップで負けしてしまった。そして今度はインターハイ予選。現役当時、私は練習直後の体重が四十七キロを切っていた。お前はモスキート級（四十五キロ）だなと、マネージャーにも言われていた。だが、私は網膜剝離で抜けてしまった。

当時はまだ現在ほどボクシング、特に高校ボクシングはメジャーではなく選手層が薄かった。千葉県でモスキート級にエントリーする選手は誰もいなかった。そこにO君がエントリーしたのだ。関東大会の予選では二階級上のクラスにエントリーしたのだが、五キロ以上の減量に耐えてのエントリーだった。結局O君はそのまま県代表に認定されてインターハイに出場することになった。

その年のインターハイは鹿児島県で開催された。みな夜行列車で鹿児島に向かった。見送りに行ったわけではなかったが、一人取り残された気持ちで本当に悲しかった。

夏休みが終わり二学期が始まった。

インターハイに行った仲間たちはどうしただろう。早速ジムに赴いた。すると、童顔にうっすら自信をまとった坊主頭の同級生が、涙を流さんばかりに満面の笑みをたたえ、両手を大きく広げて抱きついて来た。

「ミヤザワさん、やっと勝てましたよ！」

心底嬉しそうだった。

彼は、インターハイでベスト16に入る大活躍をしたのだった。彼とスパーリングをしてから一年近くが経っていた。もちろん当時のままのO君であるはずがない。それから必死で練習したのだろう。私があのまま続けていても、二年生になったらO君に歯が立たなかったかもしれない。でも一度はボコボコにして完勝した相手だ。その彼があと一勝でベスト8に入る活躍をした。もし私が代わりに出場していたら……。

人生に「たら」「れば」はない。そんなことは当時でもわかっていた。しかし考えずにはいられなかった。ちくしょー。くそー。O君の前では「おめでとう。やったな」と笑顔で応えたものの、一人になると、本当に腹わたがよじれて引きちぎられそうになった。

それでもジムから離れられなかった。ときどき顔を出しては、何時間もパイプ椅子に座ってみなの練習を眺めていた。

繰り返される毎日。代わり映えのしない毎日。何か特別なことが起こるわけでもない。日々淡々と過ぎていく時間。しかしボクサーたちはみな、それぞれの人生を抱えて生きている。

ボーッとみなの練習を見ながらふと思った。

「僕がこのジムで見た光景や感じたこと、そんなことを多くの人に知らせたい。負けても負けてもリングに立ち続ける選手たちがいるんだ。こんな世界で負け続けてもなお、黙々と生きている人たちがいることを、多くの人に知ってもらいたい」

大学には行かないつもりだったが、やることがなくなってしまった。やれることなど、まして何もない。将来をどうするか考えるために、四年間大学に行かせてほしい。両親に頭を下げた。

とはいっても大学がどんなところかまったく想像がつかなかった。経済学部とか法学部とかはよく聞くが、そこで一体どんなことを勉強するのかまったくわからない。ただ、ジムで練習を眺めながら思った「このジムで見た光景や感じたこと、そんなことを多くの人に知らせたい」という思いは遂げたいと考えていた。そのためにはどうすれば良いのか。まったく何も思い浮かばなかった。

何をどうして良いのかわからないままに、一浪を経て大学に入った。早稲田大学第二文学部。当時好きだった作詞家が「早大文学部卒」という肩書で、それに憧れた。また経済学部などと違い、本流を外れた少しアウトロー的なイメージにも惹かれた。

第二文学部（夜間学部）だったのは経済的な事情からではなく、学力的な事情から昼間の第一文学部には入れなかったからだ。専攻は日本文学。シナリオ研究会というサークルに所属した。


なぜシナリオ研究会だったのか。それは簡単な理由だった。何か書き物をするサークルに入りたいと考えていた。文芸サークルなどだ。しかし当時私はまったく酒が呑めなかった。その頃も一気呑みが全盛で、そんなサークルに入ったら急性アルコール中毒で殺されるに違いない。そうビビっていた。そんな理由で、しばらくサークルというものに参加できずに過ごしていたのだ。

そんなある日、何かの授業で隣に座った学生と雑談を交わした。その中で、ものを書きたいが酒は呑めないという話をした。するとその学生は言った。

「だったらうちのサークルに来いよ。シナリオ研究会っていうんだ。無理に呑まされることなんてないよ」

今日も呑み会があるから来いよと。シナリオがどういうものかもよくわからないまま、その日の呑み会に参加した。確かに一気呑みはさせられず、何かを強制させられる雰囲気がまったくないことが気に入って、入会することを決めたのだった。

入ってみたら、要は八ミリ映画を作るサークルだった。もちろんシナリオも書く。でも最終目標は、多くの場合八ミリ映画に仕上げることだった。

八ミリ映画は高校時代にも取り組んでいる仲間がいた。しかし自分には縁のない世界だと思っていた。まったく失礼な話だが、なんだか軟弱そうに思えたのだ。

だが実際にシナリオ研究会の多くの仲間や先輩に接すると、なかなか骨太な人たちが多かった。安い居酒屋で酒を呑んでは朝まで議論した。正確には先輩たちの議論を、その横でただ聞いていただけなのだが。

みな、堂々と政治経済について語る。日本の将来について語る。天下国家を語るのだ。

圧倒された。もちろん学生の議論である。それでも、さまざまなことについて自分の考えや意見を持ち、それを堂々と披露する先輩たちに憧れた。

実は、大学に入って最初に驚いたのはトイレの落書きだった。ある個室の壁面の真ん中に、誰かが「天皇陛下万歳」と、太い油性ペンで書いた。するとそれに対してみながが意見を寄せ書きするのだ。天皇制反対の立場から延々と長文を書く者もいれば、日本人のルーツについて持論を展開する者もいた。その左右の壁面ではハイネの詩について論じていたり、生きることの意味を問うていたりしていた。

誰かが意見すると、それにみなが次々に反応していくという具合だ。まだインターネットなどなかった時代のこと。その後、ネット社会の匿名掲示板を「トイレの落書き」と評したテレビキャスターがいたが、まさにそれだった。

自分の意見を持って、それを堂々と主張する。それが普通なんだと学んだ。なんだ大学まで行ってそんなことを学んでいるのかと揶揄《やゆ》されそうだが、私はそれまでそんな姿勢を持ったことがなかった。純粋にすごいと思い、影響された。

そんな先輩たちは、一体どんな人生を送るのだろう。ふとそんなことを考えた。具体的にはどういうところに就職するのだろうか、と。

いろいろな人に影響を受けたが、サークルの二学年上の二人の先輩には特に強い影響を受けた。この先輩たちはどういう会社に就職するのだろう。おそらく銀行でも商社でも、どこでも内定をもらえるんじゃないだろうか。でも銀行マンや商社マンとして生きていくようにも思えなかった。どうするのだろう。そうしたら二人ともテレビの世界に入った。

なるほどテレビか。

その頃に、テレビ番組制作会社の存在を知った。テレビ局はものすごい倍率でとても入れそうにないことは知っていた。しかし、多くのテレビ番組を制作会社が作っているということを、その頃初めて知ったのだ。

私の進む道は決まった。

DREAMS COME TRUE

先述した「海に沈む国・ツバル」を取材した翌年の二〇〇六年、今度はＮＨＫが「ＮＨＫスペシャル」でツバルを特集した。三点同時ドキュメントという、なかなか凝った作りだった。そしてまた、ツバルに海水があふれた。しかし今回のＮＨＫの取材では、あふれ方が尋常ではなかった。車も水没し、高床式の家々も浸水した。こんなにあふれ出るのか。私はテレビを見て心底驚いていた。水中撮影までやっている。

よくそんな準備をして行ったなと、感心しながら番組を見ていた。

その後、前年の特番のプロデューサーに会うと、イヤミを言われた。

「なんでお前が行ったときはあんなちょろっとしか水が出なくて、NHKが行くとあんなにたくさん出るんだよ」

まぁ笑いながらだが。

今回は取材の神様が私にはついていなかったのだろう。

ところが、実はそんなことはなかったのだ。

「NHKスペシャル」が放送されてから少し時間がたった頃、ツバルでお世話になった、コーディネーターのナツさんからメールが届いた。年を越して二〇〇七年、私は四十一歳になっていた。私とYさんというNHKの人にも宛てたものだった。どうやらその人が「NHKスペシャル」のロケでツバルに行って、ナツさんと仲良くなったようだ。

「Yさんとミヤザワさん。私の大好きなお二人、東京で会ってみませんか？」

メールには、そうあった。

ちょうどその頃、NHKにも出入りさせてもらっており、聞くと私がいつも訪ねる同じビルにYさんの席もあるという。

「すぐ、ごあいさつに伺わせてください」

何か新しい仕事にでも結びつかないだろうか。そんな下心だけで、すぐさま返信したのだった。


その日は夕方五時に待ち合わせをした。もちろん呑みに行くためだ。まずはオフィスを訪ねて名刺交換。あいさつもそこそこに、じゃ行きましょうか、と呑みに出かけた。Yさんは六十過ぎぐらいで、髪の毛が薄いせいもあってかお坊さんのような外見だった。小さな居酒屋で二時間くらい、ツバルの思い出話にふけった。その中でYさんが驚くような話をしてくれた。

「ナツがよう、テレビの人たちは嫌いだって言うんだよ。ツバルの人に平気でやらせを強要して、私が大好きなツバルの人たちを見下しているって。なんでテレビの人たちはああも傲慢なんですかって」

「ははは、私のときもそうでした」

「でもよ、散々文句を言った最後にナツはこう言ったのよ。あ、でもいままで一人だけそうじゃない人がいました、って。そうして出てきた名前がミヤザワさんだったたんだよ」

ええええええええええええええええ。そんなことをナッツさん言ってくれたの？　でもどうして？　特別何かあったわけでもないし、特別ツバルの人たちに丁寧に接した記憶もない。ごくごく普通にロケをして、ごくごく普通に酔っ払って会話しただけだったのに。そういえば最後飛行機に乗るとき、空港でお土産をたくさん買ってくれたなと、そんなことしか浮かんでこない。

「それでよ、ナツが会ってみろっていうミヤザワさんに会ってみようと思ったわけよ」

恐縮至極とはこのことだ。なんで私なんか？　本当に正直そう思った。自分ではわからなかったけれど、ナツさんは私のことを気に入ってくれたという。私は舞い上がった。なんというか心がホカホカと温かくなってきたのだ。お酒のせいもあったのかもしれない。一週間程度の短い時間で、ナツさんは私の何を感じ取ってくれたのだろう。しばし黙り込んで、グラスの中で溶ける氷を眺めていた。

それで調子に乗ったわけでは決してないのだが、予定していた「何か仕事があればください」という話ではなく、私はまったくとっぴな話を始めた。

「Yさん。実は私、作ってみたい番組があるんですよ」

「おう、なんだい。どんな番組だよ」

「ボクシングの番組なんですけどね」

「おう、俺もボクシングは好きだよ」

「負けても負けても、それでも諦めずにリングに上がり続けるプロボクサーたちがいるんですよ。そういうプロボクサーたちがほとんどなんですよ。そんな彼らのドキュメンタリーを作りたいんです」

酔っ払っていた私の話は、きっと長かったに違いない。私は高校時代に街のボクシングジムで見た光景、そこで思ったことなどを一気に話した。Yさんは嫌な顔を見せずに、黙ってうなずきながら最後まで話を聞いてくれた。そして私が話し終えると、こう切り出した。

「それやれるよ。俺の後輩があるドキュメンタリー番組のプロデューサーをやっているんだ。そいつのところに話をしに行こうよ」

「本当ですか!?」

にわかには信じられなかった。私はそれまで、同様の企画を民放テレビ局のボクシング担当プロデューサーにも提案してきた。でも突き返されていた。

「こんなの、いまのテレビでできるわけないじゃないですか」

正直私も「こんなの」できるわけないよな、と思っていた。ダメ元で出した企画書だった。私の夢がかなうことなんて、もう永遠にないと思っていた。

それでもテレビ番組を作る毎日は楽しい。それでいいか、と思っていたのだ。ところがここにきて、ツバルが縁でこんなに話がとんとん拍子で進んでいる。いや待てよ、いまYさんも酔っ払っているからな。私も結構呑んでいたのだが、急に冷静に考え始めた。そして冷めた頭でこう言った。

「じゃあYさん、いつそのプロデューサーのところに伺いますか」

いましっかり予定を決めてしまおうと思ったのだ。

「明日でも明後日でもいいよ」

え？　私のほうが戸惑った。

「明日って……。だってまだ企画書も書いていませんよ」

「そんなのあとでいいんだよ」

えー。私は慌てて手帳を見た。三日も経たないうちに行こうということになった。Yさん、酔っ払っていないでしょうね？とは聞けなかった。むしろ私のほうが酔っ払っていた。冷静にアポの確認を済ませると、私は一気にお酒をあおった。

その何日か後、渋谷のＮＨＫ放送センター西玄関でＹさんと待ち合わせた。エレベーターで何階かへ上がると、降りてすぐのところにある部屋にＹさんは入って行った。私も慌ててついて入った。

「おおよ。今度このミヤザワちゃんていうのがボクシングの番組作るからさ。いつならあいてる？」

「えーと、再来月の頭まで企画が埋まっていますから、その後ならいつでもいいですよ」

もうびっくりし通しだ。一体どういうこと？

「なんとかして世の中の人たちに伝えたい」

高校時代にあんなにも思い詰めていたことが、いま現実になろうとしている。しかし私の手元には企画書も何もない。夢が実現しそうだという喜びと、まだ何も取材していないという焦りとが入り交じり、背中がじっとりと汗ばんだ。

実はＹさん、ＮＨＫの中では絶大な信頼を得ている人だった。とても個性的な人なので、敵もいそうではあったが、多くの後輩に慕われているのも事実だった。Ｙさんが言うなら間違いない。そういう信頼関係で、多くの部下と結ばれている人だった。

そんなYさんが紹介してくれた番組は「ドキュメント にっぽんの現場」というドキュメンタリー枠。「ひとつの『現場』が時代を語る」というコピーが、NHKのエレベーターホールに貼られた番組宣伝ポスターに躍っていた。

NHK総合テレビで毎週土曜の夜十時二十五分から放送される三十分番組（当時）。全国放送である。北は北海道から南は沖縄の人にまで、全国津々浦々で見てもらうことができる。これまで経験したことのない大舞台だった。緊張した。なにしろ、企画書がまだないのに話だけが進んでいくのだ。

でも私の夢が実現する。高校時代からずっと温めていた夢が、ついに実現するのだ。

明日から動こう。そう心に決めて渋谷をあとにした。

負け越しのボクサーたち

まずは連敗ボクサーたちを探さなくてはならない。しかも一つのジムに何人もいてもらえると撮影が助かる。しかし、そんな都合の良い条件をどうやって探せというのか？　私が高校時代に通っていたジムは、そのときにはかなり会員数が減ってしまっていた。プロボクサーも数人程度だった。当時のような連敗ボクサーたちはもういない。

とにかく大きなジムから、片っ端から訪ねて行こうと考えた。でもそんなに都合よく連敗ボクサーたちが何人もいることなんてあるだろうか。しかも連敗ボクサーなら誰でもいいというわけにもいかない。そのボクサーが背負った、人生なり生活なりがにじみ出てくるようなキャラクターが必要だ。あてもなく都内のボクシングジムをさまよっていた。

そんなとき、東京・大塚の大手ジムの中で、ある冊子が私の目の前に置かれていることに気がついた。それはプロボクサーとして登録している日本全国の、全選手の戦績が、所属ジムごとに記された冊子だった。

これも取材の神様に助けてもらったと思っている。

「すみません、この冊子を数日お借りしてもいいですか？」

ジムの人に聞いた。

「あぁいいよ」

そう返ってきた。

「ありがとうございます！」

そう言ってその冊子を抱え早々に帰宅。そして片っ端から目を通していった。するとあったのだ。連敗ボクサーが多く所属するジムが。横浜にある花形ボクシングジム。会長は一九六〇年代から七〇年代にかけて活躍した元世界チャンピオン、花形進さんだ。花形さんも、現役時代十六回も敗北している。世界タイトルも四連敗のあと、五回目の挑戦でやっと手にしたものだった。

この花形ジムからは五人の日本チャンピオンが生まれ、世界チャンピオンも一人輩出している。

おそらくお茶の間でテレビ観戦しているボクシングファンは、そこまでしか目が届かないだろう。もちろんお客さんあってのプロボクシングであり、華やかなストーリーにスポットライトが集中するのは当然のことだと思う。

しかし中学生頃だっただろうか、ボクシングの本で読んだ、ある一節が忘れられないでいた。

「あるアメリカ人ジャーナリストは言った。『敗者の後ろ姿が絵になるのは日本だけだよ』、と」

そういう意味で、私はコテコテの日本人である。その自覚もある。世界タイトルマッチが行われた翌日に買うスポーツ新聞でも、勝者のコメントよりも敗者のコメントを探している自分に気づくことが多い。なぜだろう。私は敗者の背中に、もののあはれというのか、無常観的な哀愁を感じ、そこに心を震わせてきたのだ。

高校時代に通っていたジムに、三十歳を過ぎたSさんというジュニアフライ級の負け越しプロボクサーがいた。体重は五十キロ以下なので、体も小さい。私にもよく稽古をつけてくれた。

あるときそのSさんがマネージャーに事務室へ呼ばれた。マネージャーは片手に電話の受話器を持っている。どうやら試合のオファーが来たようだ。

「どうする。やるか?」

そう聞くマネージャーに、Sさんはしばらく黙ってうつむいていたが、最後には顔をあげてこう言った。

「やります」

あとで聞くと、相手はインターハイで優勝し、鳴り物入りでプロの世界に入った若手の強豪選手だった。プロになってまだ一度も負けていない。

そんな有望若手選手が、私が所属していたジムの負け越し選手に声をかけてくる理由はわかっている。調整試合を組みたいのだ。試合間隔があいてしまわないように試合を組みたい。でも確実に勝てる相手が良い。要するに噛ませ犬だ。

その試合は横浜で行われた。高校生にとって夜に千葉から横浜まで行くのはちょっとハードルが高く、応援には行けなかった。テレビ中継もない。試合の夜、結果が気になって仕方がなかった。

試合の翌日、ジムに行くとマネージャーがニコニコしていた。

「Ｓはいい試合したぞ。一歩も退《ひ》かないで渡り合ったからな」

相手はハードパンチャーで、プロ入り後もＫＯの山を築いていた。そんな相手に一歩も退かず打ち合いを挑み、ついぞダウンもしなかったという。最後は相手のパンチで額が切れて出血が止まらず、ドクターストップのＴＫＯ負けだったとのこと。

「こいつ勝てないことをわかっていて、なぜこんな相手と試合をするんだろう？」

側から見たら、そう思うだろう。いやそんなことすら思わないかもしれない。敗者には一瞥もくれない世界だ。でも負けてもいいと思ってリングに上がるプロボクサーは少ないと思う。絶対に勝ってやろうと、試合をひっくり返してやろうと、いや人生をひっくり返してやろうと、負け越しボクサーたちは思っているのだ。そんな男たちの背中に、高校時代から私は物語を見てきた。

そして花形ジム。何度か足を運んで負け越しボクサーたちに話を聞かせてもらった。みな嫌がらずに話を聞かせてくれた。私が高校時代に通っていたジムにいた負け越し選手たちと同じように、みな堂々としていた。

それで十分だった。細かい話も聞いたが、それを本番で、カメラの前で語ってくれるかどうかはやってみないとわからない。

しかしみな、人生について、これからどう生きていくかについて、考え悩んでいた。そんな彼らの吐息というか、人生の機微に触れることができれば。それを映像化できれば。まぁそれがいつも難しいのだが……。

企画書も書き上げ、放送予定日も二〇〇八年四月十九日に決まり、いよいよ制作の準備に取り掛かることになった。

そこで一つ問題があった。大きな問題だった。

実はその一年ほど前から、私はディレクターではなくなっていたのだ。プロデューサーという立場でこの番組にも関与することになる。本当は私がディレクターとして毎日現場に足を運び撮影し、インタビューし、編集もやりたかった。でもいま、それはかなわない。プロデューサーとしてほかの番組も抱えていた。

前にも触れたが、プロデューサーとは、原則現場には出向かずに、ディレクターをはじめとする制作メンバーや予算を切り盛りし、制作全体を俯瞰するという役回りだ。社内的にも、もうガタガタいえる立場ではない。そんなに威張れるような活躍もしていなかった。私自身が現場でやりたいという思いを排除して、プロデューサーとして取り組むことで腹をくくった。

まずディレクターを誰にするか。私の中に心当たりはあった。こういう、人間を追い描くドキュメンタリーならこの人にお願いしたい、というフリーランスのディレクターがいた。ただそういう人は引っ張りだこだ。

「申し訳ない。いま、いっぱいいっぱいで」

電話をかけたら案の定、本当にすまなそうな声が返ってきた。

「誰か紹介してもらえるようなディレクターいませんか？」

その人が推薦するディレクターなら間違いないだろうと思っていたのでそう聞いた。すると、

「いますよ」

そう即答。よし！

「どういう人ですか？」

「それがね……。人間は保証する。すごくいいやつ」

それで僕の中ではほぼ決まった。人間としてまともな人、イイ人にお願いしたいと思っていた。そうでなければ負け越しボクサーに共感できないだろうと思ったのだ。下手したら見下して取材されるんじゃないかという心配もあった。

「人間は保証する。でもね」

なんだ？

「そいつドキュメンタリーやるの初めてなんだよ」

え？　どういうことですか？

「彼はいままでずっとバラエティー番組に携わってきたんだけど、ここにきてドキュメンタリー番組を作りたいと方向転換をしようとしているところなんだ。それでもよければ……」

うーん、一瞬悩んだ。年齢は私よりも二つくらい年長だ。まずは会ってみることにした。

まるで少年のよう。そんな言葉がぴったりの人だった。純朴そうで、わからないことはわからないと素直に聞ける人。こんな優しそうな人が、バラエティー番組で芸人さんたちを熱湯風呂に突き落としていたのだろうか？　半分真面目にそんなことを思った。

Sさんというそのディレクターとはボクシングも一緒に観に行ったし、私が勧めるボクシング・ノンフィクションも読んでもらった。

「いやー、あのボクシングの本、効きますねぇ。ボディブローのように腹の底に響いてきますよ」

その後もたびたび会うと、本心から語っていることが理解できるような語り口で話しかけてくる。

もう絶対に間違いない。私はこの人生で一番作りたかった番組を、このSさんに託すことに決めた。

花形ジムでSさんを紹介して、その後は小型カメラを持ってSさんがちょくちょく取材に出向いた。ENGというカメラマンが肩に担ぐ大きなカメラを持って撮影に行くときは、私もよくついて行った。

いくらドキュメンタリーが初めてといっても、いちいち現場までプロデューサーについて来られたら嫌だろうなと思った。しかしSさんはそんなことを気にするそぶりも見せないで、現場に没頭していた。

私は現場でSさんに口出しまでした。

「番組の冒頭はこういう入り方にしようよ。だからこういうカットやインタビューを撮っておいて」

それでもSさんは「わかりました」と応じてくれる。自分が考えるイメージに沿って撮影を進めながら、私の言うことも素直に聞いてくれる。ロケは順調に進んだ。

撮影期間中に一人の負け越しボクサーが二回、もう一人の負け越しボクサーが一回、試合でリングに上がることになっていた。正直に告白する。その三試合、私は無心で観ていた。追いかけている選手が勝とうが負けようが、それはそれ。ドキュメンタリーなのだから、その結果を受け入れ、それぞれの現実を受け止めて番組を構成しようと考えていた。いやむしろ、感情移入しているだけに取材している負け越しボクサーの勝利を願う気持ちがあったと思う。

しかし、結果的に三戦全敗だった。

こんなことをいうと、取材をさせてくれたボクサーたちには申し訳ないのだが、正直、三戦すべて勝ってしまったら番組にならなかったと思う。ここでも取材の神様に助けてもらった。

この番組は群像劇として複数の負け越しボクサーに取材させてもらったが、みな背負っているものがあった。将来のことも考えていた。当たり前のことだ。でもそれを気負わずに、カメラの前で素で話してくれる。笑ってもくれるし、泣いてもくれた。そんな「イイ素材」を活かすには、結果として三戦三敗が考え得るベストな結果だった。そして彼らの背中は雄弁だった。

「敗者の背中にこそ物語がある」

くだんのアメリカ人ジャーナリストに言ってやりたい。勝負において敗北を見ないで、一体何を見ているのだ、と。

結果として三試合とも敗北した花形ジムの選手たち。いい顔をしていた。泣き顔さえ輝いていた。

そしてまたSさんというディレクターが、そういう個々の選手たちの素顔だとか、本心だとか、心からの訴えを引き出してくれたのだった。正直、私がディレクターをやらずに、Sさんに託したからこそできた番組だと思っている。

九州の中学を卒業して上京。ジムの合宿所に住み込んで頑張っていたT選手は、一年十カ月前の試合で惨敗。そのショックでリングに上がれなくなったという。六勝十一敗一分。

「もうチャンピオンになりたいとかそういうのではなくて、自分に負けたままボクシングを終わりにしたくない」

そう語ってくれた。

番組放送後、もう何年も連絡を取っていなかった弟から電話があったと、嬉しそうに話してくれた。このエピソードは、私もその後何度も反芻した。私も嬉しかったのだ。

「ボクシングに人生を救われた」

一勝六敗のS選手は、そう言う。大学を出て大手企業に勤めたものの、職場でもプライベートでも心を許せる友人がおらず、毎日黙って仕事をして帰宅して、休みの日は一日中家にいて誰とも口をきかない。

「何のために生きているんだろう」

そう思ったという。

そんなときに出会ったボクシング。

「練習中や試合中は、本当の自分と向き合っている感じがする」

「リングで闘わない人に言われたことは気にならない」

「結局辞められないんですよ。ボクシングをやることで、しっかりと立っていられるんです」

はにかみながらも充実感が漂っていた。


この番組の取材中、二試合して二連敗してしまったH選手。

「厳しい練習を頑張れば、人間的にも成長できる」

そう語ってくれた。H選手は番組放送後に一勝したが、その後十連敗。それでも辞めずに頑張って、二〇一七年の一月にネットで見つけた「八年間勝てなかった男が勝利の美酒。闘い続ける三十四歳のボクシング人生」という記事を通じて、私は彼の活躍を確認した。

現役時代二勝八敗のＩトレーナーは、技術とは違った側面から選手の勝利に貢献しようと、引退後に心理カウンセラーの資格を取って、陰から選手たちを支えていた。

みな懸命に生きていた。

エンディング

生きていくということ

私はこの番組をボクシングだけの番組にしたくなかった。生きていくとはどういうことか。番組を見てくれた人が、そんな大げさなことにも考えが及ぶようにしたかった。だからタイトルにも、ナレーションやエンディングの音楽にもこだわった。

まずタイトルは「ドキュメントにっぽんの現場　負け続けてもなお・・・～連敗ボクサーが闘う理由《わけ》～」とした。本当は～連敗ボクサーがそれでも闘う理由《わけ》～と、「それでも」を入れたかったのだが、長くなりすぎるので諦めた。

そしてナレーターは劇団ひとり。お笑い芸人だが、彼の木訥《ぼくとつ》とした語り口は視聴者の心に響くと思ったのだ。最初に事務所に電話をしたとき、マネージャーが「そういうお仕事をさせていただけるのはありがたいのですが、劇団ひとりがナレーターを務めて、失礼になりませんでしょうか」と聞いてきた。真剣なドキュメンタリー番組にお笑い芸人が絡んで、登場人物たちに失礼じゃないかと言うのだ。「そんなことは絶対にありません。もう劇団ひとりさんしかいないと考えています」と即答した。

ナレーションを録ったあと、劇団ひとりがポツリと言った。

「僕も高校時代ボクシングジムに通っていたんですけど、本当にいるんですよね、こういう見えないところで頑張っている人たちって」

聞くと、高校も私が通っていた高校と同じ千葉県、同じ市内の高校で、ジムも私が所属していたジムに近かった。劇団ひとり、彼のお笑いの根底には、いや生きざまの根本には、やはりボクシングジムでの日々があったのかと、一人ごちた。

エンディング曲にもディレクターのSさんと一緒にこだわった。いろいろ考え抜いた末に使ったのは、ウルフルズの「僕の人生の今は何章目ぐらいだろう」という曲。歌詞が、見る人の心に何かを訴えると思ったのだ。

「この番組をボクシングだけの番組にしたくなかった」と書いたが、言いたいことは要するに、「普通の人々の毎日も同じだろ」ということだった。

毎日毎日繰り返される日常。特別な出来事なんかが起こることもない。代わり映えのない毎日。淡々と過ぎていく時間。そしてイザというときには敗北してしまう。その繰り返し。

これこそが人間が生きていくということではないのか。みな地球の片隅でつつましやかに生きている。でもそれは、人気脚本家でも到底書けないオリジナリティーあふれる、そしてドラマチックなものであるはずだ。世の中に、ほかの人と同じ人生など一つとして存在しない。

そんな、ささやかだけれども十人十色の人生こそが、真実であると私は思う。

三十分番組の一番最後のインタビューは、八連敗を喫したあと練習を再開した三十五歳の選手の一言だった。

「まだまだ、あがきます」

あがき、もがく人生。十代の頃にボクシングジムで見た選手たちは、みなあがいていた、もがいていた。そして私は、そういう人生こそが素晴らしいと思った。

人生は続く。良いことも悪いこともある。良いことばかりでもないし、悪いことばかりでもない。人々の生活、人々が生きていく姿に、今後も私は心を震わせていくだろう。

二〇〇八年四月十九日の番組放送後、NHKにいくつかの意見や感想が寄せられた。その中で印象深い一言があった。四国在住の三十歳くらいの主婦からの感想だ。

「ボクシングなんて私の人生には一生関わりのないものだと思っていました。でもこの番組を見て、ボクシングの試合を観てみたいと思いました」

私の思いが伝わったように感じた。この主婦は、おそらく自分のこととしてこの番組を見てくれたのではないだろうか。そんな気がしたのだ。

十五歳のときから思い続けていたこと。それをようやく形にできた。

しかしそれで終わりではない。その後もいままで生きてきたし、これからも私は生きていく。おそらく私も、最後まであがきながら、もがきながら生きていくことになるだろう。人がどう見るかは知らない。私は私の人生を生きていく。みな、これからも人生は続くのだ。

最後にメモとして記したいと思う。番組ホームページに私が書いた、この番組の紹介文である。どんな番組だったかをイメージしてもらえると幸いだ。

ドキュメントにっぽんの現場

負け続けてもなお・・・　～連敗ボクサーが闘う理由《わけ》～

「横浜にある『花形ボクシングジム』。一人の世界チャンピオンと五人の日本チャンピオンを輩出してきた。一方で、勝てない選手たちもいる。一勝十敗、一勝六敗、五勝十三敗……。しかし彼らは闘うことをやめない。毎朝何キロも走り、仕事のあと毎日ジムにやって来ては黙々とサンドバッグを叩く。年に三、四回試合をするために、来る日も来る日も同じメニューのトレーニングを繰り返す。そして試合では毎回のように敗北する。それでも彼らは言う。『ボクシングには生きる力を与えてもらった』、『闘わない人間にぼくの戦績をバカにされても気にならない』。負け続けてもなお闘うことをやめない名もないボクサーたち。そんな彼らの姿は『生きる』ことに重なる。彼らの闘う姿を通して日本の片隅で懸命に生きる人たちの素顔を見つめる」

「日本の片隅で懸命に生きる人たち」というのは、まさに、オープニングで書いた京浜島で働く町工場の職人さんや工員さんたちのことだ。ホームレスの人たちのことだ。世界に目を広げると、パキスタンの僻地で暮らす人々のこと、ニューオーリンズで働く人たちのこと。この本で取り上げたすべての人たち、そして読者をはじめ、私たちみなのことを指している。

彼ら彼女らは、みな生きていた。地球は何十億もの、個性豊かな人間ドラマであふれている。そのひとつひとつが、かけがえのない「人生」なのだ。

だからこそ、それこそが人間が生きる意味ではないのか。

三十年以上テレビの裏側で生きてきて、いま私はそう確信する。

世界の片隅で

テレビの世界に入って三十年以上。いろいろあった。調子の良いときも悪いときもあった。それでもなんとかこれまでやってこられた。

そして人生を賭けてでもやり遂げたいと思っていた番組も世の中に発信できた。

いまだからこそ思えることだが、ボクシングがケガでできなくなったのも、ここに至るために神様に導かれたのではないかと思う。運命に導かれてここまでたどり着いたのだ。「さよならは別れの言葉」ではなかったのだ。

私がボクシング好きなことは理解していただけたと思う。そこで三つのボクシングの名言を紹介したい。私が高校時代に購読していたボクシング雑誌で特集されていた、「名言集」の中に載っていたものだ。記者たちが日々の取材の中で聞いた、ボクサーやトレーナーの言葉。海外のものも多かった。

一つ目は、

「ボクサーはリングの中では孤独だって？　そんなことはないさ。だって自分のすぐ目の前に、自分と同じ志を持った友人がいるじゃないか」

対戦相手も自分と同じように、「上に行きたい」「この試合に勝って、昨日よりもましな明日を迎えたい」と、思っているということだ。

普段の通勤・通学電車の中を見回してほしい。仲間がいっぱいいるじゃないか。家族を思い、でも仕事に追われ、なかなか思うようにいかない。授業に追いつけず、でも試験は迫ってくる。バイトもある。それでも日々生きている人たち。彼ら彼女らはみな仲間ではないか。友人ではないか。満員電車の中で孤独だと思わないでほしい。同じ境遇の仲間は大勢いるじゃないか。私にはそう聞こえた。

二つ目は、

「（ボクサーは）自分が思うほど強くはないが、悩むほど弱くはない」

これも心に響いた言葉だ。調子に乗っているときは気を引き締めろ。調子の悪いときも悩むな。そんな優しい励ましの言葉に聞こえる。

そして三つ目。これが一番心に響いた。

「ボクサーやセコンドは、常に冷静でなくてはならないと人は言う。だがしかし、本当に冷静な人間は、ボクサーやセコンドになどなったりはしない」

まったくその通りだ。初めて読んだときには笑ってしまった。でも「冷静じゃない人間」というのは魅力的だ。何かに賭けてみる。そしてそれに全力で取り組む。私はずっとそんな人生に憧れてきた。

いまでも後楽園ホールに、ボクシングを観にときどき足を運ぶ。まったく冷静でない男たちが殴り合っている。「今日より少しでも明日を良くしたい。そして展望が開けてくれれば……」。

そんな男たちを愛さずにはいられない。私も冷静さを失ったような生き方をしたい。でももうできない。家族もいるし、年齢も年齢だ。でもそれもまた良し。そう思っている。

「名言集」が載っていたボクシング雑誌には、「海外短信」というコーナーがあった。ボクシングに関する世界中の話題を集めたコーナーだ。確か、見開きで二ページ。そこに、こんな記事が載っていたのを覚えている。十行にも満たない記事だった。地球の反対側、南米のどこかの国に住む弱冠十九歳の世界ランカーが、鉄道事故で片腕を切断したというのだ。

ちょうど私が網膜剝離をやって、悔し涙に暮れているときだった。

「ぼくも泣いているけれど、南米の十九歳も泣いているだろうな」

そんなことを思った記憶がある。

南米の十九歳の場合、私のレベルではない。十代でプロの世界ランキングに名を連ねる、将来を嘱望されていた才能あふれるボクサーだったに違いない。もしかしたら、彼の稼ぎに頼って家族は暮らしていたかもしれない。それが、片腕切断。

でも待ってくれ。世界は何も変わらないぞ？

私が網膜剥離で泣いていたときと同じだ。何も変わらない。南米の十九歳は慟哭《どうこく》しただろう。私には、彼の叫びが聞こえる気がした。けれども世界は何も変わらない。東京ではいつもと変わらぬ毎朝の通勤ラッシュ。彼の国でも、いつもと変わらない牧歌的な風景が広がっていることだろう。

そんなことを私は思ったけれども、都心の満員電車に乗る人たちのほぼ全員、そんな十九歳の無念を知ることすらない。まさに世界の片隅で起こった、ほんの小さな出来事だったのだ。片腕切断事故も、私の網膜剥離も。

しかし当人にとっては、大切な大切な自分の人生だ。

その南米のプロボクサーは、私よりも三つくらい年長だ。いまもどこかできっと生きているだろう。プロボクサーとしての人生は終わったけれども、もしかしたらやさぐれてしまったかもしれないけれども、大事な大事な自分の人生を抱えて生きているに違いない。

世界の片隅。

大金持ちも貧乏人も、あらゆる人々の居場所が「世界の片隅」なのだ。きっと……。

私には、人生のバイブルだと思って大切にしている書物がある。後藤正治さんというノンフィクション作家が書いた『遠いリング』という本だ。大阪の、あるボクシングジムで出会った無名ボクサーたちの光芒のときを主に描いた秀作である。後藤さんは、ほかにも夜間高校のボクシング部を追い描いたノンフィクションなども執筆している。後藤さん独特の温かい視座が、私はたまらなく好きだ。

その後藤さんが、ボクシングについて語ったインタビューで、こんなことを言っている。

「(ボクシングは)何が残るのかではなく、それをしたこと自体に価値があるのだ」

プロボクシングというまったく報われない世界で、倒されても倒されても起き上がる。そんな無償の行為を繰り返す男たちへの賛辞だ。

人生も同じだと思う。何を残したのかではなく、生きたこと自体に価値があるのだ。

良くも悪くも、生きているだけで他者に影響を与えることになる。たとえその人が亡くなっても、関わった人たちの心には残り続ける。それでいいのではないか。たとえ報われなかったとしても、人生そのものに価値があるのだと、私は強く思う。

本書で触れてきた多くの人たちの人生。いやそれだけではない、すれ違った人々も、まだ会ったことのない人々も、それぞれの境遇で懸命に生きている。結局私が五十五年生きてみて、そして三十年間もテレビの裏側で生きて気づいたことは、そういうことだ。

世界の片隅で生まれ、世界の片隅で生きて、世界の片隅で死んでいく。それ以上でも、それ以下でもない。

それで十分ではないか。私もささやかながら、今日よりもましな明日を目指して日々生きていく。そしていつかは死んでいく。地球はただただ回り続ける。この世に生まれ、この世界に参加できたことを心から嬉しく思う。

悩める若いみなさんも、是非、人と会ってみてほしい。そして話をしてみてほしい。そして日々生きてみてほしい。それだけで、これまでの人生が違った視点から見えてくると思うのだ。

この本を手にしてくれた方々の明日も、今日より少しでもましな日になることを心から祈る。

みなさんとも、いつかどこかですれ違うかもしれない。袖触れ合うも他生の縁。そのときはぜひ一献傾けましょう。楽しみにしています。

この本をお手に取ってくださり、ありがとうございました。

【著者紹介】

宮澤 豊孝（みやざわ　とよたか）

1965年兵庫県生まれ。千葉県立船橋東高校卒。平成元年に早稲田大学第二文学部を卒業後、都内のテレビ番組制作会社に入社。「美の巨人たち（テレビ東京）」「ガイアの夜明け（同）」「美の壺（NHK）」など多くの番組に携わる。大学時代は稲門シナリオ研究会に所属。
Twitter：@miyazawa1965

今日《きょう》も世界《せかい》の片隅《かたすみ》で
～テレビの裏側《うらがわ》で30年《ねん》～

2021年11月24日　第1刷発行

著　者　　宮澤豊孝
発行人　　久保田貴幸

発行元　　株式会社 幻冬舎メディアコンサルティング
〒151-0051　東京都渋谷区千駄ヶ谷4-9-7
電話　03-5411-6440（編集）

発売元　　株式会社 幻冬舎
〒151-0051　東京都渋谷区千駄ヶ谷4-9-7
電話　03-5411-6222（営業）

印刷・製本　シナジーコミュニケーションズ株式会社
装丁　　山科友佳莉

検印廃止

Printed in Japan
ISBN 978-4-344-93585-3 C0095
幻冬舎メディアコンサルティングHP
http://www.gentosha-mc.com/